楽しい調べ学習シリーズ

# 月探査の大研究

## 月の基礎知識から資源開発まで

[監修] 佐伯和人

PHP

## はじめに 月から始まる、宇宙

　みなさんは「昔の時代に生まれたい」と思ったことはありませんか？　私は子どものころ「大航海時代に生まれたかった」と思っていました。「帆船に乗って地球のあちこちに行き、大冒険ができる」と思ったからです。しかし、実際は、大冒険ができる国は限られていたので、その時代のほとんどの人は帆船を見たことはなかったでしょうし、帆船に乗っても沈没したり、壊血病という船乗り特有の恐ろしい病気になったりして、死んでいたかもしれません。

　でも、大人になり、気づきました。次の大航海時代は、すでに始まっていたのです。それは「宇宙へ人類が進出する大航海時代」です。最初の目的地は、月です。みなさんは、この大航海時代に「船」を出せる国に生まれ、科学の力で昔よりはるかに安全に冒険の旅に出ることができます。

　今、新しい月開発が、世界で始まろうとしています。そのカギは、資源です。人類は、史上初めて月で宇宙の資源を採掘し、それをもとに火星へ旅立ち、そこで都市をつくろうとしています。10年後には、月資源採掘の基地建設が始まり、みなさんが大人になるころには、月で多くの人が働き、月に観光で旅行する人も増えることでしょう。

　そんな大航海時代に活躍するには、どんな人をめざせばよいでしょうか？　それは、想像力のある人です。重力が地球の6分の1の月の世界では、人間のジャンプ力は6倍になります。天井の

1969年7月20日、世界で初めて月面に人類を運んだアポロ11号着陸船の右側の窓から撮影した月面。　©NASA

# 大航海時代へ、ようこそ

高さは、地球と同じでよいでしょうか。バスケットボールのゴールの高さは地球と同じで、おもしろい試合ができるでしょうか。空気がない月で、飛行機やヘリコプターは使えるでしょうか。月にいる人が吸う空気は、どうしたらいいでしょうか。月の昼は110℃をこえる灼熱地獄で、月の夜は－170℃の極寒の世界です。どんな基地をつくれば、快適にすごせるでしょうか。

今まで、月で生活した人間はいません。ですから、月で生きるには、アイデアをたくさん出す必要があります。そして、それこそが、新しい世界に挑戦するおもしろさなのです。

知恵をしぼったその先に、みなさんは「月世界への人類の生活圏の拡大」という地球生命史上の大事件を目撃できます。地球で生まれて進化した生命が、進化の末に得た頭脳の力で、地球を出てとなりの天体に生活の場を広げる。これは、海で生まれた生物が地上に生活の場を広げたのに匹敵する大事件です。みなさんは、その生命の歴史上の大事件に立ち会うことができるのです。

月の研究は、地球の太古の状況を知ることにもつながります。地球誕生や地球生命誕生の秘密も、月の研究で解き明かされるでしょう。

さあ、この本を手に取って、月への大冒険への一歩を踏み出してください。

立命館大学宇宙地球探査研究センター

センター長　佐伯和人

# もくじ　月探査の大研究

はじめに　月から始まる、宇宙大航海時代へ、ようこそ ............... 2

この本の構成と特徴 ............... 6

## 第 1 章　月は、どんな天体か

| 基礎知識❶ | 地球からの距離、月の大きさ ............... 8 |
| 基礎知識❷ | 月はなぜ、満ち欠けするのか ............... 10 |
| 基礎知識❸ | 夏の満月は低く、冬の満月は高い ............... 12 |
| 深ぼりコラム1 | なぜ月食、日食は起こる？ ............... 14 |
| 章末コラム1 | 月の引力と潮の満ち引き ............... 16 |

©NASA(地球の写真)

## 第 2 章　月の世界と探査の歴史

| 月面 | 表側と裏側は別世界だった ............... 18 |
| 環境 | 寒暖差が大きく、隕石や放射線も飛来 ............... 20 |
| 地形 | クレーターなど独特の地形が広がる ............... 22 |
| 鉱物 | 斜長岩の「高地」と玄武岩の「海」 ............... 24 |
| 深ぼりコラム2 | 月はどのようにできたのか ............... 26 |

©NASA

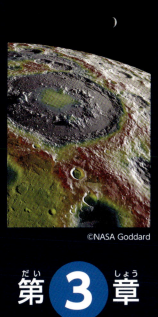

| 20世紀の探査 | 宇宙飛行から月面着陸、「水の発見」へ | 28 |
| かぐやの探査 | たてあな、地下の空洞などを発見 | 30 |
| スリムの探査 | 月面のピンポイント着陸に成功した | 32 |
| 深ぼりコラム3 | 探査の必要性とやり方 | 34 |
| 章末コラム2 | 月の「なぞ」を解明するには | 36 |

©NASA Goddard

# 第3章 月資源の利用で宇宙へ

| 開発の理由 | なぜ、再び月をめざすのか | 38 |
| 水・水氷 | 南極の日かげに「水」はあるか | 40 |
| 場所 | 一等地は、日なたと地下の空洞 | 42 |
| 岩石 | 月の砂でブロックや施設をつくる | 44 |
| 発電 | 太陽エネルギーが基地や車の電源 | 46 |
| 食料 | 地下で栽培し、生ごみも再利用 | 48 |
| 立地 | 地球観測と宇宙探査の足場をつくる | 50 |
| 深ぼりコラム4 | 各国が計画している月探査 | 52 |
| 章末コラム3 | 宇宙とつながる地球の仕事 | 54 |

©NASA

さくいん ……… 55

# この本の構成と特徴

本書は月の基礎知識と、月探査の歴史と現状を解説したものです。第1章は、月の基本情報、満ち欠けする理由、月食・日食などについて解説しています。第2章は、月面世界の特徴とこれまでの月探査でわかったことを、第3章は、月資源の利用へ向けた取り組みや将来構想を紹介しています。

本文ページのほか、「深ぼりコラム」「章末コラム」というページももうけています。

**本文** 月にまつわる最新情報を豊富な図版で、わかりやすく解説。

**深ぼりコラム** 知っておきたいテーマ、注目のテーマをほりさげて解説。

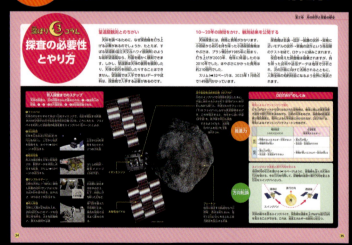

**章末コラム** 地球と月の意外なつながりを解説。

## もっと調べるには

- **もくじ**を使おう ▶ 4〜5ページで、気になる言葉をさがしましょう。
- **さくいん**を使おう ▶ 55ページで、知りたい項目をさがしましょう。

# 第1章 月は、どんな天体か

月の裏側と地球。地球から太陽方向に約150万kmはなれた、太陽と地球のラグランジュ点L₁(➡51ページ)で、アメリカの深宇宙気候観測衛星ディスカバーが撮影した。

©NASA/NOAA

## 基礎知識① 地球からの距離、月の大きさ

**月は、地球を公転する衛星**
公転とは、ある天体がほかの天体のまわりを周期的に回ること。位置を変えず自ら輝く星は恒星。恒星のまわりを公転する天体は惑星。惑星のまわりを公転する天体は衛星。地球は太陽(恒星)の惑星の1つであり、月は地球の衛星。

**だ円軌道**
月は、地球を1つの焦点とするだ円軌道を、地球の北極から見て反時計回りに公転している。だ円軌道には、地球から最も遠くなる位置(遠地点)と、最も近くなる位置(近地点)がある。近地点と遠地点の方向は、太陽の影響により約8.85年周期で回転している。

**公転・自転の速度が変化**
距離により地球の引力が変わるため、近地点では公転が速く、自転が遅れる状態になる。遠地点では公転が遅く、自転が先走る。

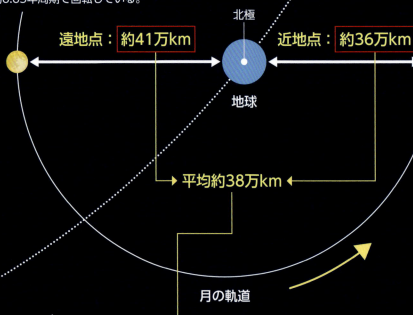

「約38万km」は地球を30個ならべた距離にほぼ等しい。新幹線が時速300kmで走りつづけて約53日かかる距離である。

第1章 月は、どんな天体か

## 直径は、地球の約4分の1

　月は、太陽とともに、人類に身近な天体です。月を知ることは、地球を知ることにつながります（→26ページ）。
　月は、地球の衛星です。衛星とは、惑星のまわりを公転（周期的に回ること）する天体です。月の直径は、約3476kmです。これは北海道・鹿児島間（約1800km）の約2倍。地球の直径が約1万2800kmですから、月は地球の4分の1より少し大きなサイズです。地球をバスケットボール（7号）にたとえると、月はテニスボール大の大きさになります。惑星（母天体）に対する大きさの比率では、月は太陽系の衛星の中で断トツに大きい衛星といえます。

## 公転周期と自転周期が同じ

　月はいつも、地球に同じ面を向けています。これは、月が地球のまわりを回る公転周期と、月自身が回転する自転周期が同じだからです。月は、公転周期も自転周期も約27.3日です。このような状況を「自転が惑星にロックされている」といいます。
　日本では、地球から見える月の半球を「表側」、見えない半球を「裏側」とよびます。英語では、それぞれをニアサイド（近い側）、ファーサイド（遠い側）とよびます。

©NASA（地球の写真）

**月の基礎データ**
直径　　　　約3476km（地球の約4分の1）
質量　　　　地球の81分の1
地下の構造　コアとマントルからなる？
公転周期　　約27.3日
自転周期　　約27.3日
重力　　　　地球の約6分の1（→20ページ）
表面温度　　昼は110℃、夜は-170℃（→21ページ）

**満月でも欠けていても、同じもようが見える**
地球から、月の「裏側」を見ることはできない。

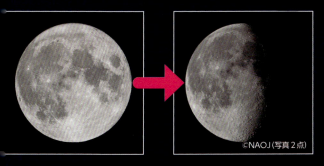
©NAOJ（写真2点）

月の自転が地球にロックされたのは、2つの天体がたがいを引きあう力（引力）に関係している。月の引力は、地球で潮の満ち引きを引き起こす起潮力とも関係する（→16ページ）。

**月の公転と自転**

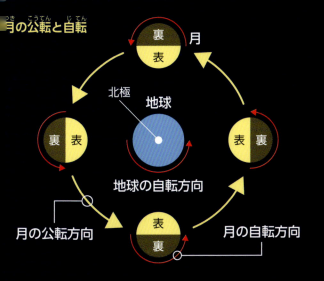

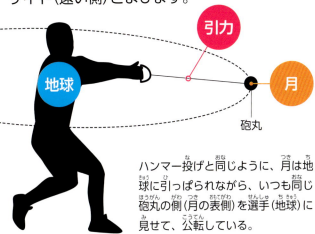

ハンマー投げと同じように、月は地球に引っぱられながら、いつも同じ砲丸の側（月の表側）を選手（地球）に見せて、公転している。

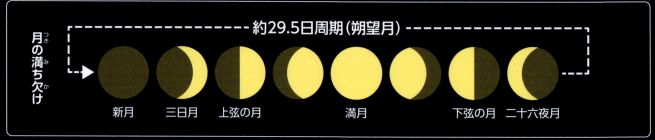

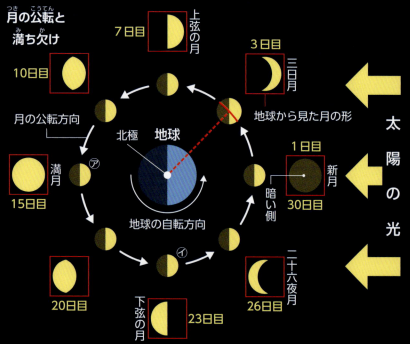

太陽の光は図の右から、まっすぐに月と地球を照らすと考える。地球から見ると、㋐の月は満月に見え、㋑の月は右側が欠けて見える。

### 地球から見た月の形

新月(朔)→上弦の月→満月(望)→下弦の月→次の新月(朔)の順に満ち欠けする。この周期を、朔望月とよぶ。

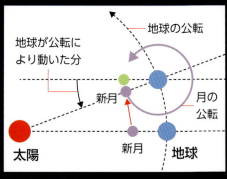

### 恒星月と朔望月

月の公転周期(上：●→●)は約27.3日(恒星月)。しかし、地球は公転しているので、新月から次の新月(上：●→●)までの周期(朔望月)は、恒星月より長くなる(約29.5日)。

## 太陽の光を反射しながら、地球を公転する

　地球から見る月は、満月、三日月などに形を変えます。月は約29.5日周期で、満ち欠けをくりかえします。この「月の満ち欠け」は、太陽の光と関係しています。

　月は、太陽を向いた半分がつねに太陽の光を反射して明るくなります。しかし、月は地球のまわりを公転しているため、地球から見る月の角度は、日によって変わります。この角度のちがいによって、月は満ちたり欠けたりして見えるのです。

第1章 月は、どんな天体か

## 月は東からのぼり、西へ動く。毎日50分ずつ遅くなる

地球の自転により、月は毎日「東から出て南にのぼり西にしずむ」ように見えます。1日は24時間なので、360°÷24＝15°という計算から、月も太陽や星と同じように、1時間に15度(°)ずつ東から西に動くように見えるのです。

一方、同じ時刻に月が見える位置は、月の公転によって、毎日約12度西から東へ移動しています（360°÷29.5日≒12.2°）。その分、地球が自転する時間がかかるため、月が出る時刻は、毎日約50分*ずつ遅くなります。

＊24時間＝1440分なので、1440×(12.2°/360°)≒48.8分　「≒」は「ほとんど等しい」の意味。

### 月の出る方向と時間帯　位置と高さは、季節によってことなる（→12ページ）

**三日月**

夕方の、西の空で見つけやすい。10ページの図では、太陽に近い東側に位置する。

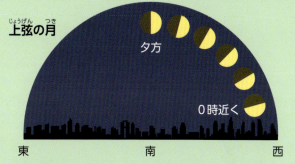

**上弦の月**

昼に東からのぼっているが、よく見えはじめるのは、夕方の南の空。真夜中に、西の空にしずむ。

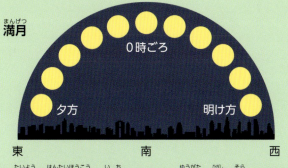

**満月**

太陽と反対方向に位置するので、夕方に東の空にのぼり、明け方に西の空にしずむ。

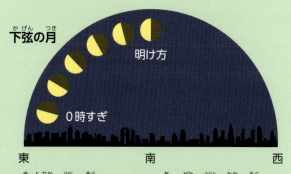

**下弦の月**

真夜中に東の空からのぼり、明け方に南の高い空にある。よく見えないが、月は日中も空を移動している。

## 南半球では、北の空を移動する

南半球で、月は「東▶北（の空）▶西」と動いて見えます。北半球の「東▶南（の空）▶西」とことなるのは、南半球の人は、北半球の人から見て、逆立ち状態で月を見ることが多いからです。ですから、月も逆さまに見えます。

ただし、見ている月は同じなので、北半球で満月のときは、南半球でも満月です。

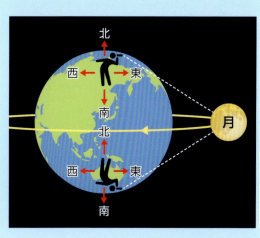

北半球の満月
東▶南▶西

南半球の満月
西◀北◀東

## 基礎知識 ③ 夏の満月は低く、冬の満月は高い

**公転軌道面のななめ上から、太陽・地球・月を見たイメージ**

白道面は、細かくいうと黄道面に対して約5度かたむいており、そのかたむきの向きが周期的に変わる。そのため、月食や日食(➡14〜15ページ)は、満月・新月のたびに起こるわけではなく、また、さまざまな季節に起こる。

月と地球は約38万kmはなれている(➡8ページ)ので、地球に達する満月の光は白道面とほぼ平行になる。

**真横から、太陽・地球・月を見たイメージ**

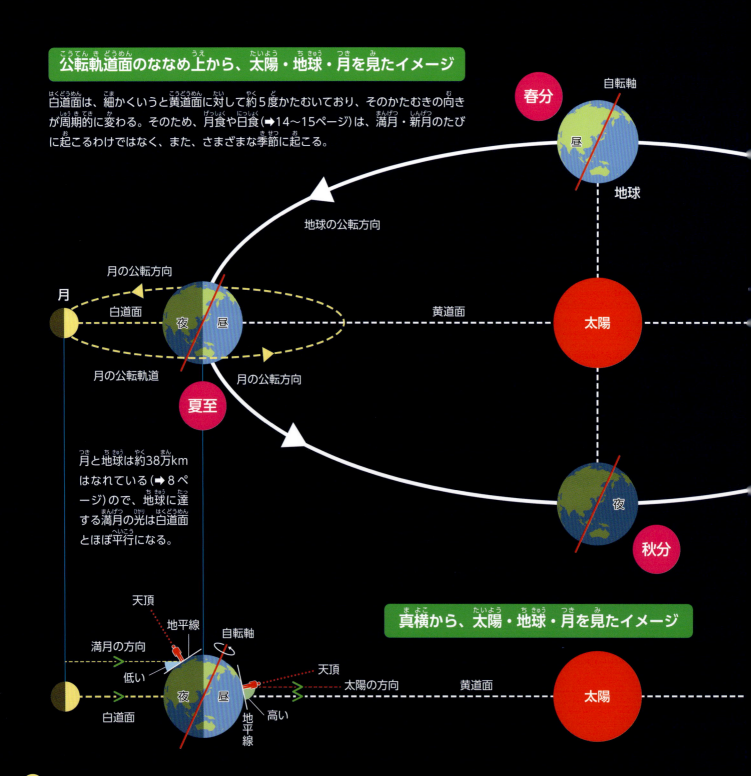

第1章 月は、どんな天体か

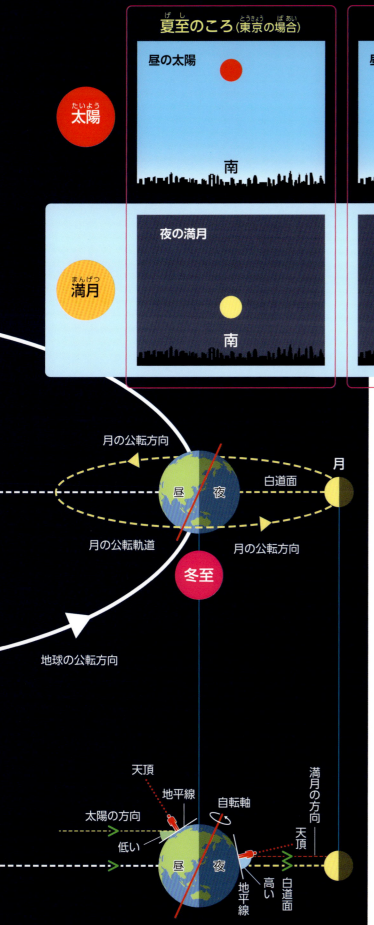

## 満月の高度は、太陽の高度と逆

　太陽の高度が、夏は高く冬は低いことは多くの人が知っています。これは、地球の自転軸が、地球が太陽のまわりを回る公転軌道面（黄道面）の垂線に対して約23.4度かたむいているからです。地球の多くの地域で、四季が生じるのはそのためです。では、満月の高度はどうでしょう。じつは、北半球では、夏至のころの満月の高度は低く、冬至のころの満月の高度は高いのです（上の図参照）。

　この理由は、黄道面と、月が地球のまわりを回る公転軌道面（白道面）が、ほぼ同じだからです。そして、月が満月になるのは、月が地球から見てちょうど太陽の反対側に来たときです。そのため、地球から見る満月の高度は、太陽の高度とはほぼ逆になるのです。

　春分・秋分のころは、黄道面のかたむきの影響が小さくなるため、太陽と月はほぼ同じ高度になります。

13

## 深ぼりコラム① なぜ月食、日食は起こる？

### 月食は、太陽→地球→月が一直線に並ぶ夜に

月食は、太陽・地球・月が一直線に並ぶ満月の夜に起こります。太陽の反対方向にのびる地球の影に、月が入るからです。ただし、白道面は黄道面に対して少しかたむいているため、満月のたびに月食が起こるわけではありません。地球の影が月を部分的にかくす月食を部分月食、地球の影が月を完全におおう状態を皆既月食とよびます。

### 月食

**月食中の月の位置と形**
2018年1月31日　群馬県の上空

皆既月食では、地球の大気で屈折した光が、月を照らす。このとき、青い光は散乱し、赤い光は残るため、皆既月食の月は赤っぽく見える。

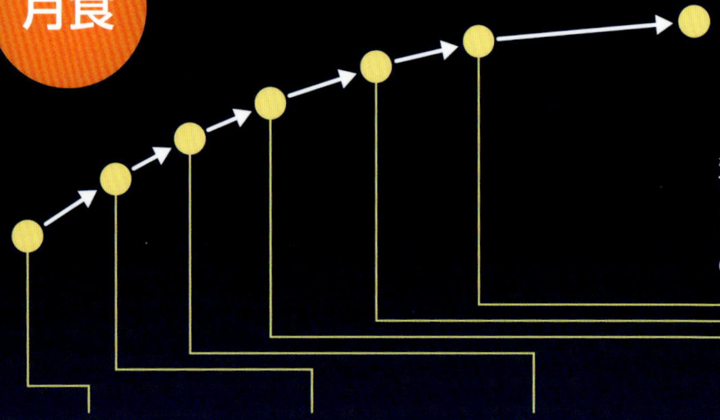

20時45分　21時00分　21時34分　21時52分　22時30分　23時7分

月は月食前から、暗くなりはじめる（半影食）。 | 部分月食が始まる。影の境界ははっきりしない。 | 皆既月食の少し前。部分月食部が赤みを帯びる。 | 皆既月食が始まった直後。月食部の赤みが増す。 | 月が地球の影に完全に入った、皆既月食のピーク。 | 皆既月食が終わり、部分月食が始まった。

©県立ぐんま天文台（写真6点）

南東　　　南

**月食が起こるしくみ**
太陽・地球・月が一直線に並ぶと、月食が起こる。日本では約3年に1回のペースで、皆既月食が観測されている。月食は全世界で、同時に見ることができる。

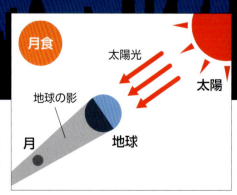

14

第1章　月は、どんな天体か

## 日食は、太陽→月→地球が一直線に並ぶ昼に

　日食は、地球と太陽の間を横切る月が、太陽の一部（または全部）をかくす現象です。
　太陽の一部がかくされる部分日食は、広い範囲で見られます。太陽全体がかくされる皆既日食や、太陽の光が輪のようにはみだす金環日食は、狭い地域でしか見られません。皆既日食になるとあたりは急に暗くなり、日食が終わると急に明るくなります。

宇宙空間で撮影した日食。2012年、太陽の手前を通過する月（黒い部分）を、太陽観測衛星ひのでがX線望遠鏡で撮影した。

JAXA/NAOJ提供

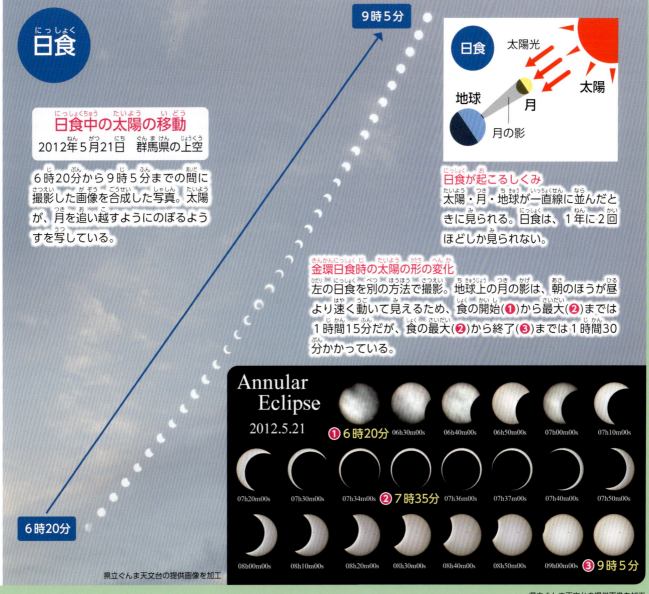

### 日食

**日食中の太陽の移動**
2012年5月21日　群馬県の上空
6時20分から9時5分までの間に撮影した画像を合成した写真。太陽が、月を追い越すようにのぼるようすを写している。

**日食が起こるしくみ**
太陽・月・地球が一直線に並んだときに見られる。日食は、1年に2回ほどしか見られない。

**金環日食時の太陽の形の変化**
左の日食を別の方法で撮影。地球上の月の影は、朝のほうが昼より速く動いて見えるため、食の開始（❶）から最大（❷）までは1時間15分だが、食の最大（❷）から終了（❸）までは1時間30分かかっている。

県立ぐんま天文台の提供画像を加工

15

## 章末コラム① 月の引力と潮の満ち引き

### 満潮と干潮

月は地球の引力を受けて地球を公転していますが、地球も月の引力を受けており、月との共通重心[*1]のまわりを公転しています。そのため地球には、月が地球におよぼす引力と、共通重心のまわりを公転することで生じる慣性力[*2]を合わせた力がはたらいています。これによって、地球の海面の水位（潮位）が、周期的に上下します。これが潮の満ち引きで「潮汐」ともいいます。また、潮汐を起こす力を「起潮力」といいます。潮位が最も高くなるときが満潮、低くなるときが干潮で、地球は1日に1回自転するため、満潮と干潮は1日に2回ずつ生じます。

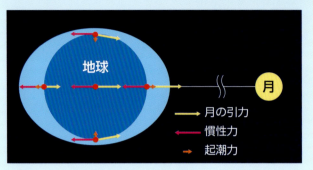

地球にはたらく月の引力は、月に近いほうが遠いほうより大きい。だが、慣性力の大きさはどこでも同じになる。月に面した側と月と反対側では、月の引力と慣性力の合力が、外向きの起潮力としてはたらくため満潮になる。そこから90度へだてた地点では、内向きの起潮力がはたらくため干潮になる。

[*1] 共通重心は、2つ以上の物体の重心。月と地球は約38万kmはなれているが、地球の質量が月の80倍あるため、共通重心は地球の内部にある。
[*2] 慣性力は、力（加速度）が生じる向きと逆向きにはたらいているように見える見かけの力。止まっている電車が急に動きだしたときに、立っている人が進行方向とは逆向きにたおれそうになる力と同じ。

### 大潮と小潮

地球は、太陽の引力も受けています。月と太陽が地球に対して直線上にあるとき（満月と新月）は、月と太陽による起潮力の向きが重なるため、満潮と干潮の差が最も大きくなります。この時期を「大潮」といいます。

月と太陽が直角の方向にあるとき（上弦の月と下弦の月）は、それぞれの起潮力の方向が直角にずれるため、力を打ち消し合って、満潮と干潮の差が最も小さくなります。この時期を「小潮」といいます。

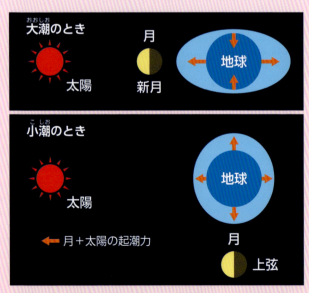

太陽・月・地球が直線に並ぶと、大潮になる。地球に対して月と太陽が直角になると、小潮になる。

# 第2章 月の世界と探査の歴史

スリムの着陸地点●

©NAOJ

2024年1月、日本の小型月着陸実証機SLIM（スリム）は、月面へのピンポイント着陸に世界で初めて成功。逆立ち状態で接地した本体の写真（左）や月面の写真を、地球に送信した（➡32ページ）。

©JAXA/タカラトミー/ソニーグループ㈱/同志社大学

# 月面 表側と裏側は別世界だった

北極

氷の海
雨の海
晴れの海
エストラテネス
アペニン山脈
危機の海
嵐の大洋　ケプラー　　　　　　蒸気の海
　　　　　　島の海　　　　　　　　静かの海
　　　　　　　コペルニクス　　　　　豊かの海
　　　既知の海
　　　　　　　　　　　　　神酒の海
　　　　　　雲の海
　　湿りの海

ティコ

南極

©NASA/GSFC/Arizona State University

### 表側

**特徴**

- 黒く見える。
  =「海」が多い。
  = 平らなところが多い。
- 裏側より、クレーターが少ない。
- 地殻がうすい。

**地球から双眼鏡でも見える、ティコというクレーター**
直径は約85km。同じ大きさのクレーターが関東平野にできたとすると、右の大きさ（目安）になる。

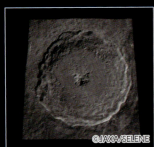
©JAXA/SELENE

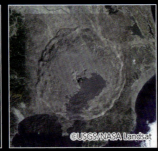
©USGS/NASA Landsat

第2章　月の世界と探査の歴史

## 表側と裏側はなぜ、これほどちがうのか

月の表側と裏側は、大きくことなります。

表側には「海」とよばれる、黒くて平らな部分が広がっています。水ではなく、地下からわき出て固まった溶岩の広がりです。裏側は表側より白く見えます。これは、表側とちがう白い岩石が露出しているからです。裏側には、さまざまな大きさの「クレーター」があります。クレーターは、隕石が衝突したくぼみです。

表側と裏側のちがいは、「月はどのようにできたのか」（➡26ページ）に関係しています。

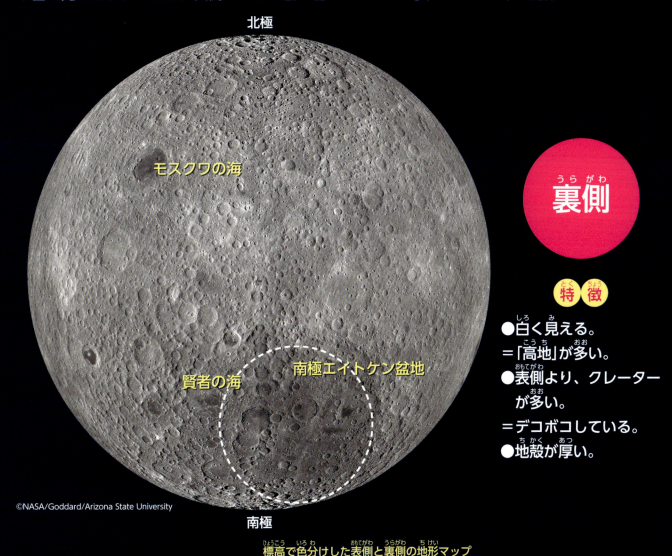

北極

モスクワの海

賢者の海　南極エイトケン盆地

©NASA/Goddard/Arizona State University

南極

裏側

特徴

●白く見える。
＝「高地」が多い。
●表側より、クレーターが多い。
＝デコボコしている。
●地殻が厚い。

標高で色分けした表側と裏側の地形マップ

表側の標高は低い。裏側に標高の最低地点と最高地点がある。高低差は約2万mで地球とほぼ同じ。クレーターの深さは2000〜3000mなので、そのふちは日本アルプスと同じような山並みと考えられる。

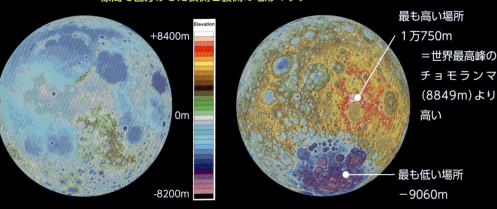

+8400m
0m
-8200m

最も高い場所
1万750m
＝世界最高峰の
チョモランマ
（8849m）より
高い

最も低い場所
−9060m

©NASA/GSFC/DLR/Arizona State University（2点とも）

19

**環境**

# 寒暖差が大きく、隕石や放射線も飛来

### 重力　地球の約6分の1。骨や筋肉はおとろえ、使えなくなる機械も

重力は地球の約6分の1なので、地球で120kgの宇宙服は20kgほどに感じられ、作業がしやすくなる。しかし、低重力の環境に長くいつづけると、骨や筋肉がおとろえるため、再び地球で暮らすことがむずかしくなる。

重力が小さいと、シャベル部を月にさしたとたんに本体がひっくりかえる。

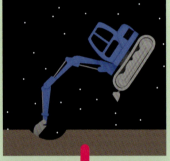

月面では、おもしなどで本体を重くした重機で作業する必要がある。

### 大気　ほとんどない。生命の維持は困難

月は重力が小さいため、大気をほとんど引きつけることができない。人類は、空気（窒素が約8割、酸素が約2割）がないと呼吸ができないため、月面ではつねに呼吸装置をつけた宇宙服を着用しなければならない。

大気は地表の温度を保ち、隕石や放射線から地球を守る役目も果たす。

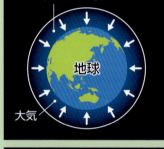

月は、大気を引きつけることができないため、月面の大気は、限りなくゼロに近い。

1969年7月20日、世界で初めて月面に人類を運んだアポロ11号着陸船の右側の窓から撮影した月面。
©NASA

第2章 月の世界と探査の歴史

## 空気なし。寒暖差は最大280℃。宇宙服なしでは生きられない

　月の重力は地球の約6分の1ですから、地球で20cmジャンプできる人は、月面で120cmもジャンプできます。しかし、重力が小さいと、困ることがあります。まず、空気です。重力が小さいと、空気の層ができないため、ヒトは呼吸ができません。昼夜の寒暖差は最大280℃になり、隕石や宇宙からの放射線がふりそそぎます。
　このような危険を回避しながら探査活動を続けるために、月面では宇宙服を着て作業し、安全に暮らせる基地を建設する必要があります。

### 寒暖差　昼は110℃まで上がり、夜は−170℃まで下がる

地球では、大気が太陽の熱をたくわえる。しかし、月には大気がほとんどなく、熱をたくわえられないため、日なた（昼）と日かげ（夜）で約280℃もの寒暖差が生じる。これは、月探査を進めるうえで大きな壁となる。

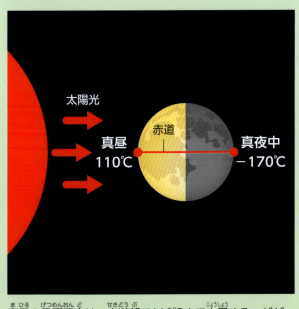

真昼の月面温度は、赤道部で110℃まで上昇する。だが、太陽光が届かない真夜中の赤道部は−170℃まで下がる。

### 隕石　秒速10〜20km以上で落下。破片も危険

大気がない月には、宇宙空間から隕石がそのままふりそそぐ。その落下スピードは秒速10〜20km以上で、よけることは不可能。さらに、その衝突による岩の破片は音もなく飛び散り、宇宙服を貫くともされる。

### 放射線　地球の200倍以上。電子部品や人体に悪い影響も

月面には、放射線（太陽や銀河からやってくる高エネルギーの粒子や電磁波）が、ふりそそぐ。その量は地上の200倍とされ、たくさん浴びると電子部品が故障したり、ヒトのDNA（遺伝子）が損傷したりする。

地球に届く放射線量は、磁場や大気にさえぎられて減少する。大気の数値の半分以上は、地表が出す自然放射線の量。

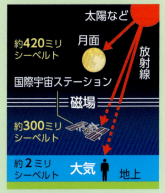

数値は年間の放射線量（目安）。

**地形**

# クレーターなど独特の地形が広がる

**グラーベン**
巨大なひび割れ(地溝)。地表が引きのばされるときにできた。写真=「氷の海」(図❶)のグラーベン。
©NASA

**リンクルリッジ**
曲がりくねった尾根。「海」の溶岩が冷えて固まるときにできた。写真=「氷の海」のリンクルリッジ。
©NASA

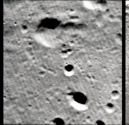
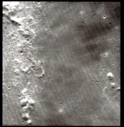
©ESA/SMART-1/Space-X (Space Exploration Institute)(2点)

**高地**
右図の赤茶の地表。地球から明るく見える広がり(➡24ページ)。起伏にとんだ地形が広がる。月で最初にできた地面。誕生から45億年以上、隕石の衝突にさらされ、デコボコの地形になった。

**海**
右図の黄緑の地表。地球から、「高地」より暗く見える部分(➡24ページ)。クレーターのくぼみが、水あめのようにねばりけの少ない溶岩でおおわれたため、なめらかで平らな地形になった。水はない。

## 「かぐや」の観測装置がとらえた月の地形図

**表側**

国立天文台、国土地理院、JAXAによる「「かぐや」が見た月の地形」画像に数字と囲みを加えた(右も)

**中央丘**
直径30〜300kmのクレーターができたとき、その真ん中にできた丘。隕石が衝突すると地下の岩石が露出するため、中央丘は月の地下を調べる手がかりになる。写真=直径約85kmのティコクレーター(図❷)にできた標高約2500mの中央丘。

約2500m
©JAXA/SELENE

第2章　月の世界と探査の歴史

# 月の地形は、どのように生まれたのか

月には、さまざまな地形が見られます。

望遠鏡で月を見ると、月面にたくさんのへこみが見えます。「クレーター」です。

白い(明るい)部分と、黒い(暗い)部分があります。白い部分は、デコボコしています。黒い部分は、なだらかな広がりです。

月面は細かい砂つぶにおおわれ、曲がりくねった尾根やひび割れも見られます。

これらの地形は、どのように生まれたのでしょうか。

JAXAの月周回衛星かぐや(SELENE)(➡30ページ)に搭載された精度5mのレーザー高度計をもとにした月の地形図。平射図法によるため、地図の外縁の長さは、地図の中心部の2倍に拡大される。

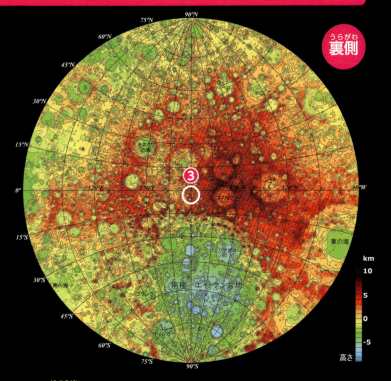

裏側

**蛇行谷**
月の「海」にたまったねばりけの少ないマグマが、地面を溶かした跡。幅数km、長さ500km以上のものもある。写真＝ハドレー谷(図❹)付近の蛇行谷。

**レゴリス**
月面をおおう細かい砂。月の岩石や鉱物がくだかれてできた。写真＝アポロ11号の宇宙飛行士が月面に残した足跡。レゴリスのつぶは、かたくり粉と同じくらい細かい。

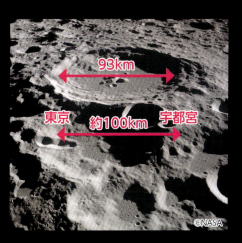

**クレーター**
隕石が衝突してできた窪地(くぼんだところ)。大きなクレーターの直径は100km以上。おわん型、底が平らなものなど、いろいろな形がある。写真＝月の裏側にある直径約93kmのダイダロスクレーター(図❸)。アポロ11号が撮影。

**火山地形**
窪地のなかには、火山の火口もある。写真＝数百の小型火山が見られる「嵐の大洋」のマリウス丘(❺)。

23

# 斜長岩の「高地」と玄武岩の「海」

鉱物

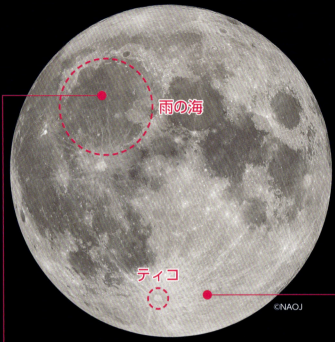

雨の海

ティコ

©NAOJ

### 「海」とよぶ理由
17世紀に望遠鏡で月面を観察した科学者が「月面にも海がある」と考え、名づけたことが始まり。「〜の湖」「〜の入江」などもある。

日本では、暗い部分を「もちをつくウサギ」に見立てるが、カニやロバに見立てる国もある。

---

### 海

Yes058 Montree Nanta/Shutterstock.com

玄武岩

**暗く見えるところは、玄武岩でおおわれている**

海は月の地表の約16％をしめる、なだらかな平地。表側に集中している。玄武岩はおもに斜長石と輝石からなり、輝石の粒の影響で、全体が黒っぽく見える。

©NASA

「雨の海」の中央。大きな凹凸は見られない。

---

### 高地

Artography/Shutterstock.com

斜長岩

**明るく見えるところは、斜長岩でおおわれている**

高地は斜長岩でできており、その主成分は白っぽい斜長石なので、明るく見える。窪地は月の誕生以来、月に衝突した隕石の跡（クレーター）。

©procy/123RF.COM

ティコクレーターの東に広がる高地。

# クレーターにできた「海」、45億年前から残る「高地」

　月で暗く見えるところは「海」とよびます。玄武岩という黒い岩石が広がっているため、暗く見えます。海はクレーターにできた地形なので、円形を組み合わせた形をしています。

　明るく見える「高地」は、斜長岩という白っぽい岩石の広がりです。高地は、月ができた約45億年前に固まった斜長岩の地殻（表面の層）がそのまま残っているところです。

## 月の海と高地は、どのようにできたのか

**マグマオーシャン仮説**

斜長石がうき上がって地殻になり、クレーターの底にマグマがふき出て「海」ができた？

斜長岩が地殻を形成した理由としては、次のような仮説が考えられている。
① 月ができたとき、月は深さ数百kmまで、マグマの海におおわれていた。
② 斜長石はマグマより軽いので、マグマが固まるときにうき上がって地殻をつくった。
③ その後、月にはたくさんの隕石が衝突し、巨大なクレーターがたくさんできた。
④ その巨大クレーターに、月の内側から新しいマグマ*1がふき出て、クレーターにマグマがたまった。たまったマグマはゆっくりと固まり、今の「海」をつくった。

### ①マグマの海ができた

マグマの海には斜長石、カンラン石、輝石などがふくまれている。

### ②斜長岩の地殻ができた

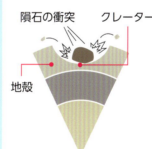

マグマが固まるときに斜長石がうき上がり、これが斜長岩の地殻になった。

### ③巨大クレーターができた

巨大隕石の衝突などにより、月面に巨大なクレーターができた。

### ④ふき出たマグマが「海」に

クレーターの底にマグマがふき出た。それが冷えて「海」になった。

## 斜長石、カンラン石、輝石、チタン鉄鉱が、地殻をつくる

　月の地殻はほぼ、次の4種の鉱物*2からできています。
- **斜長石**　地殻の大部分。斜長岩は斜長石を多くふくむ。
- **カンラン石**　月の深部に、大量に存在する。
- **輝石**　火山活動による岩石（火成岩）の半分をしめる。
- **チタン鉄鉱**　チタンや鉄が取れる。酸素の資源にもなる。「海」に多い。

©国立極地研究所

地球の南極で発見された月の隕石。約39億年前に、月の浅い低温のマントルで発生したマグマが起源と分析されている。

*1　一度冷えて固まったマグマが、放射性物質による熱で再び溶けたと考えられている。
*2　自然にできた無機質の固体で、物理的性質が一定のもの。ガラスやコンクリートは鉱物ではない。

## 深ぼり②コラム

# 月はどのようにできたのか

## 原始地球に天体が衝突して、月ができた？

　月の起源としては、ジャイアント・インパクト説が有力です。「原始地球に地球の半分くらいの大きさの天体がぶつかり、その破片が引きよせあって月になった」とする仮説です。多くの科学者が支持していますが、この仮説は完璧ではありません。そもそも、月全体の組成がわかっていないので、地球の破片でつくられたのか、衝突してきた天体の破片がまざったのか、よくわからないのです。

### 破片が引力で集まり衛星に

❸ 地球を回りはじめた破片の一部は、たがいに引力で集まりはじめ、天体衝突から1か月〜1年ほどで、今の月のもとになる岩石の固まりができた。これが、やがて月に成長した。

今

1か月〜1年後

月の起源については、月と地球が同時にできたとする「兄弟説」、月は地球から飛びだしたとする「親子説」、宇宙をさまよっていた月が地球の引力に捕まったとする「捕獲説」などもある。しかし、いずれの説にも難点があり、疑問視されている。

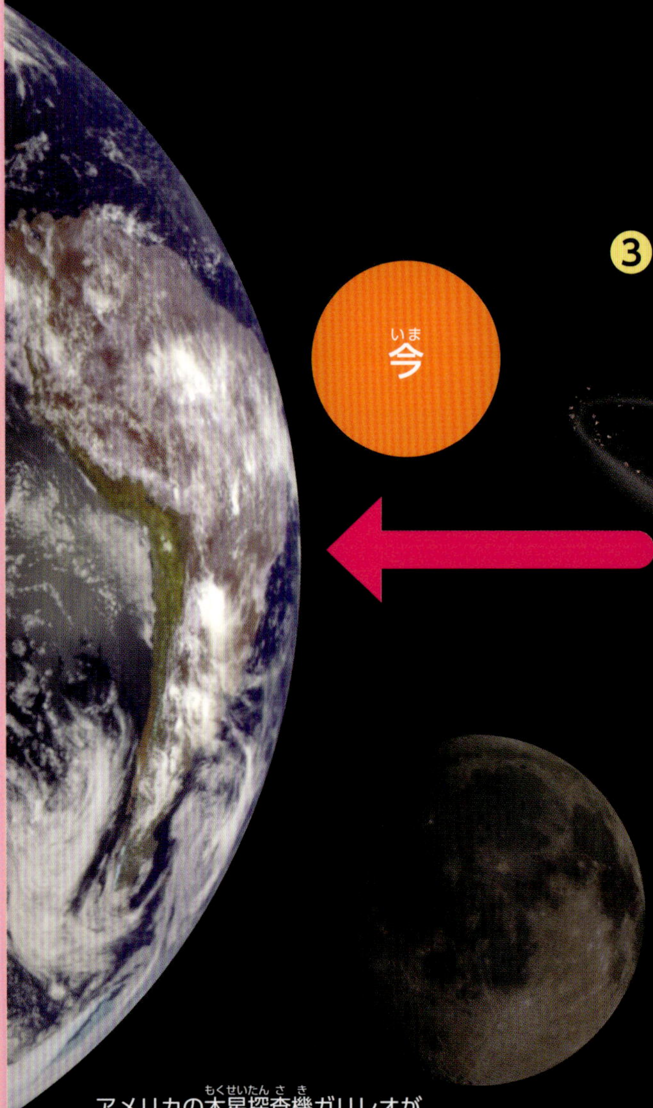

アメリカの木星探査機ガリレオが1992年に撮影した地球と月。
©NASA/JPL/USGS

# 第2章　月の世界と探査の歴史

## ジャイアント・インパクト説

**約45億年前**

**① 巨大な天体が地球にぶつかった**
約46億年前、太陽系の惑星ができた。その1つである原始地球に、火星サイズの巨大な天体が衝突した（ジャイアント・インパクト）。

**② 破片がまわりを回転しはじめた**
衝突した天体の破片と、地球から飛び散った破片が宇宙空間に広がり、地球の引力により、地球のまわりを回りはじめた。

©Jacques Dayan/Shutterstock.com（イラスト3点）

### 小さな天体が何回も衝突したのか

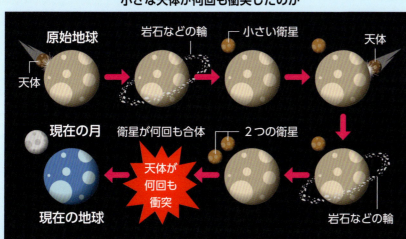

2017年、イスラエルの研究チームは、大きな天体ではなく小さな天体が、1回ではなく何回か原始地球に衝突したと仮定すると、地球のマントルの組成と似た、現在の月のような衛星ができると発表し、注目されました。月は、原始地球に小さな天体が複数回衝突して、できた星なのかもしれません。

## 20世紀の探査
# 宇宙飛行から月面着陸、「水の発見」へ

### 世界初の人工衛星

スプートニク1号。球体の直径は約58cm。衛星の温度を0.3秒ごとに地球に送信した。写真は複製品。

### 「空は暗く、地球は青かった」

世界初の宇宙飛行を行った宇宙飛行士ユーリ・ガガーリン。写真はバスでロケットの射点に向かうところ。

### 月面からの「地球の出」

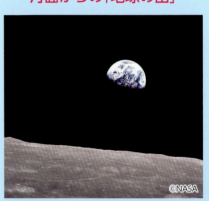

1968年、3人の宇宙飛行士を乗せたアポロ8号が月の裏側を回り、月の地平線から昇る地球を撮影した。

## 世界初の人工衛星から、有人宇宙飛行成功まで

**1957年** ソ連（当時）が世界初の人工衛星スプートニク1号の打ち上げに成功。

**1957年** ソ連がスプートニク2号で世界で初めて、生き物（中型犬）を宇宙に送る。

**1958年** アメリカが人工衛星エクスプローラー1号の打ち上げに成功。

**1959年9月** ソ連が月探査機ルナ2号を世界で初めて、月に到達させる（月へ衝突）。

**1959年10月** ソ連のルナ3号が世界で初めて、月の裏側の撮影に成功。

**1961年** ソ連の宇宙船ボストーク1号が高度300kmの宇宙で、世界初の有人宇宙飛行に成功。搭乗した宇宙飛行士ガガーリンは、「空はとても暗かった。地球は青みがかっていた」という言葉を残す。

**1963年** ソ連のボストーク6号で、ワレンチナ・テレシコワが女性として世界初の宇宙飛行に成功。

### 世界初の人工衛星打ち上げや有人飛行の成功で、ソ連がリード

「自由主義と社会主義のどちらが優秀な社会システムか」を示すため、当時のアメリカとソ連はあらゆる分野で競争。宇宙開発技術は1960年代前半まで、世界初の人工衛星や世界初の有人飛行を成功させたソ連が、アメリカを上回っていた。

## アポロの打ち上げから

**1961年** アメリカのケネディ大統領が「10年以内に人類を月に送る」と宣言。アポロ計画を始動。

**1966年** アメリカの月探査機サーベイヤー1号が、月面軟着陸に成功。

**1968年** アメリカのアポロ8号が月を周回。人類は、月の裏側を初めて肉眼で見る。

アームストロング船長は、「これは一人の人間にとっては小さな一歩だが、人類にとっては偉大な飛躍だ」という言葉を残す。の足跡をつけた。

### アメリカが、アポロ計画で逆転

ソ連に後れをとったアメリカは、アポロ計画を始動。短期間に月に20機もの無人探査機を打ち上げ、1969年に人類初の月旅行を実現。

28

第2章 月の世界と探査の歴史

## 米ソの対立から月面着陸。「水の発見」で、各国が着陸とサンプル回収を競う時代へ

月探査の歴史は、アメリカとソビエト連邦（ソ連。今のロシア）の対立から始まりました。第二次世界大戦のあと、両国は世界を二分する勢いで、政治・経済、科学技術の発展を競い合いました（冷戦）。宇宙開発技術の競争は1950年代に始まり、有人宇宙飛行の成功まではソ連がリードしましたが、人類初の月面着陸でアメリカが逆転しました。

21世紀は「月の水」を求めて、世界各国が月面着陸に向けた探査機の開発を競っています。

### 人類が、月面に立った

月面を初めて歩いた宇宙飛行士は、アポロ11号のニール・アームストロングとバズ・オルドリン（写真）だ。

### 月の南極周辺のようす

アメリカの月探査機クレメンタインが撮影した、月の南極域の写真。

### シャックルトンクレーター

2012年、アメリカの探査により、このクレーター内部は「22％が氷でおおわれている」との観測結果が得られた。

### 人類初の月面着陸まで

**1969年7月20日** アメリカのアポロ11号の月着陸船が月面に着陸。アメリカのアポロ11号が月面に初めて、人類の月着陸船が成功。

**1969年11月** アポロ12号が再び月面着陸に成功。

**1970年** 日本が、日本初の人工衛星おおすみの打ち上げに成功。

**1970年** ソ連の無人月探査機ルナ17号で運ばれた月面車（月面ローバー）が、世界で初めて月面を走る。

**1971年** アメリカのアポロ15号が、月面車で月面を調査。

月の地形や環境に対する理解は、飛躍的に進んだ。しかし、その後、米ソ両国はしばらく、月探査への興味を失った。

### 「水があるかも」から、再びの月探査ブームに

**1994年** アメリカが月探査機クレメンタインを打ち上げ。その後の分析で、月の南極に氷がある可能性を示唆。

**1998年** アメリカが月探査機ルナ・プロスペクターを打ち上げ。月面に大量の水素がある可能性を示唆。

**2003年**（→30ページ）。欧州宇宙機関（ESA）が初の月探査機スマート1を打ち上げ。

**2007年** 日本が月周回衛星かぐやを打ち上げ。

**2007年** 中国が月周回衛星嫦娥1号を打ち上げ。

**2008年** インドが無人月探査機チャンドラヤーン1号を打ち上げ。その後の分析で、月の北極付近に水（氷）のある可能性が高まる。

**2013年** 中国の嫦娥3号が月面着陸に成功。月面車で探査を行う。

**2019年** 中国の嫦娥4号が世界で初めて、月の裏側への着陸に成功。

**2020年** 中国の嫦娥5号が、月の岩石を地球に持ち帰る。

**2024年** 日本の月探査機スリムが、月面のピンポイント着陸に成功（→32ページ）。

### ルナ・プロスペクターによる大量の水素の発見で、世界が再び月に注目

1998年打ち上げのアメリカの月探査機ルナ・プロスペクターの観測により、月に「水がある可能性」が浮上。それを裏づけるデータが報告されると、世界は再び月探査に注目しはじめた。月に水があれば、人類が月に移住し、より遠くの宇宙を調べる基地をつくることもできるからである。

かぐやの探査

# たてあな、地下の空洞などを発見

**「かぐや」が1年半、周回軌道から月を探査**

21世紀に入り、欧州宇宙機関（ESA）は2003年に月探査機スマート1を打ち上げ、日本のJAXA*は2007年に月周回衛星かぐや（SELENE）を打ち上げました。かぐやはアメリカのアポロ計画以来、最大級の月探査機で、月面の約100km上空から月の北極・南極を通る軌道を1年半以上も周回し、月面のようすを地形・地質カメラ、レーザー高度計、ハイビジョンカメラなど10以上の観測機器で撮影。月の地下の巨大空洞、巨大盆地の起源を裏づけるデータを収集するなど、大きな成果をあげました。

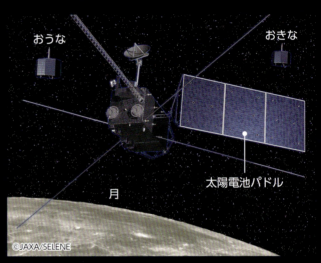

**月を観測するかぐや**

おうな*1、おきな*2は、かぐやから地球への電波送信をリレーする子衛星。

*1はおばあさん、*2はおじいさんの意味。昔話「かぐや姫」から。

かぐやの総重量は3トン。H2Aロケット13号機で打ち上げられた。

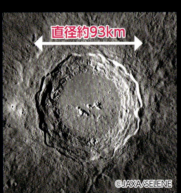

直径約93km

かぐやは高精度の観測データを地球に送りつづけた。写真は、コペルニクスクレーター。中央丘（→22ページ）が見える。

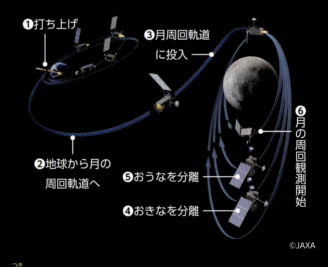

①打ち上げ
②地球から月の周回軌道へ
③月周回軌道に投入
④おきなを分離
⑤おうなを分離
⑥月の周回観測開始

**月までのみちのり**

2007年9月に種子島から打ち上げられたかぐやは、地球を2周回って月に向かい、月を回る軌道に入った。その後、2機の子衛星を順に切りはなして観測を開始。観測を終えた2009年6月に、ねらった月面ポイントに制御落下し、探査は終了した。

*Japan Aerospace Exploration Agencyの略称。日本語の正式名称は宇宙航空研究開発機構。日本の宇宙開発の中心になる機関。

第2章 月の世界と探査の歴史

## かぐやの発見と成果

### ① 3つのたてあなを発見。その構造も解明

かぐやの地形カメラは、月のマリウス丘（図①の★）に、大きなたてあな（図②）を発見。そのあなから電波で地下のようすを調べた結果、たてあなの奥に大きな空洞（溶岩チューブ：図③）が広がっている可能性があるとされた。だが、その確証は得られていない。

❶火山地域に属する。
❷深さは約50m。かぐやは3つのたてあなを発見した。
❸空洞があるとすれば、以前、溶岩が流れていたと推測される（➡43ページ）。

アメリカの月探査機が撮影した、たてあなの写真。

溶岩チューブの想像図　＊JAXAの資料から作成

### ② 表側の巨大盆地は、天体衝突の産物か

かぐやが岩石分布を調べた結果、月の表側に暗く見える直径約3000kmのプロセラルム盆地は、38億年以上前に巨大な天体との衝突でできた可能性が高いことがわかった。巨大衝突で掘りかえされたと考えられる、月の深部由来らしき物質が、広く見られたのだ。

巨大衝突で表側の高地がはぎとられ、裏側に降りつもったなら、「月の地殻は表側でうすく、裏側で厚い」という現状をうまく説明できる。「もちをつくウサギ」のもようは、巨大な天体衝突の産物なのだろうか。

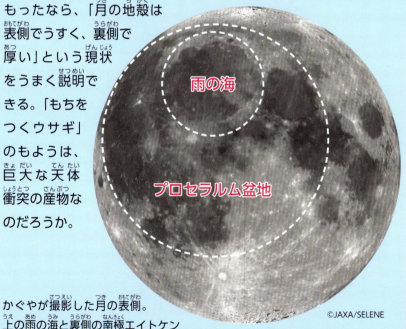

かぐやが撮影した月の表側。上の雨の海と裏側の南極エイトケン盆地（➡19ページ）が衝突盆地であることは、すでに明らかになっている。

カナリア諸島（大西洋）の溶岩チューブ。溶岩チューブは、富士山麓などにもある。

### ③ 高地に、ほぼ斜長石だけの斜長岩の広域分布を発見

これは「月の常識」をひっくりかえす大発見だった。これまでは、アポロ16号が持ち帰った月の石の分析などから、「月の高地の地殻の9割が斜長石で、1割がそれ以外の鉱物」と考えられ、多くの科学者がこれをうまく説明する、月の地殻形成のメカニズムを研究してきた。マグマオーシャン仮説（➡25ページ）はその1つだったが、これからは「ほぼ斜長石だけの斜長岩ができるメカニズム」も、研究しなければならないという。

31

# スリムの探査 月面のピンポイント着陸に成功した

## 小型月着陸実証機スリムによる月面探査の流れ

### 着陸地点まで移動して降下を開始
スリムは秒速1.7kmで1000km弱を約20分飛行したあと、クレーターの位置などから目標としていた着陸地点(半径100m)をさがし、降下を開始。

### 逆立ち状態で接地した
降下中に異常が発生したが、バランスを維持しつつ目標から55mはなれた月面に逆立ち状態で着地(下左)。下右は、それを撮影したLEV-2(右ページ)の画像。

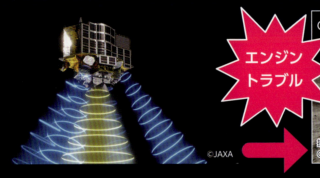

エンジントラブル

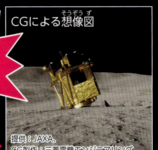
CGによる想像図
提供：JAXA、CG製作：三菱電機エンジニアリング

撮影写真
©JAXA/タカラトミー/ソニーグループ㈱/同志社大学

### 予定していた着陸の流れ
計画では、月面の高度3mでホバリングしながら、LEV-1とLEV-2(右ページ)を放出したあとに、機体を横にたおした状態で接地する予定だった。

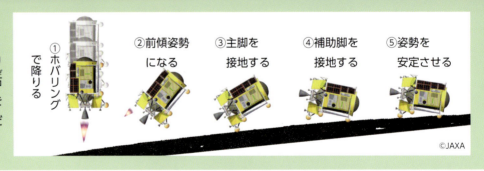

①ホバリングで降りる ②前傾姿勢になる ③主脚を接地する ④補助脚を接地する ⑤姿勢を安定させる

©JAXA

## 探査達成のために「目標地点のそばへの着陸」を目標にした

「月誕生のメカニズムを調べるため、目標地点から100m以内にふわっと着陸(軟着陸)させる」。これが、JAXAが2023年に打ち上げた、月探査機SLIM(スリム)の最大目標でした。

大気がない月面への着陸は、探査機のコンピュータ、エンジン、制御装置などの総合力で決まります。これまで月面着陸を成功させた各国の探査機はいずれも、目標地点から数km〜十数kmずれたところへの着陸が当たり前でした。しかし、スリムは、逆立ち状態になったものの、目標地点から誤差55mという精度で着陸に成功しました(2024年1月20日)。

＊LEV-1：超小型月面探査ローバー。自律移動機能、地球へのデータ通信機能をもつ。
LEV-2：変形型月面ロボット、愛称「SORA-Q(ソラキュー)」。変形・走行機能をもち、カメラを搭載(➡54ページ)。

第2章 月の世界と探査の歴史

## 月面の岩石の撮影に成功

画像から岩石の組成を調べることができる、マルチバンド分光カメラによる画像をつなぎあわせた画像。この画像から割り出した岩石の成分によって、月の起源としてのジャイアント・インパクト説（→26ページ）の秘密にせまる。

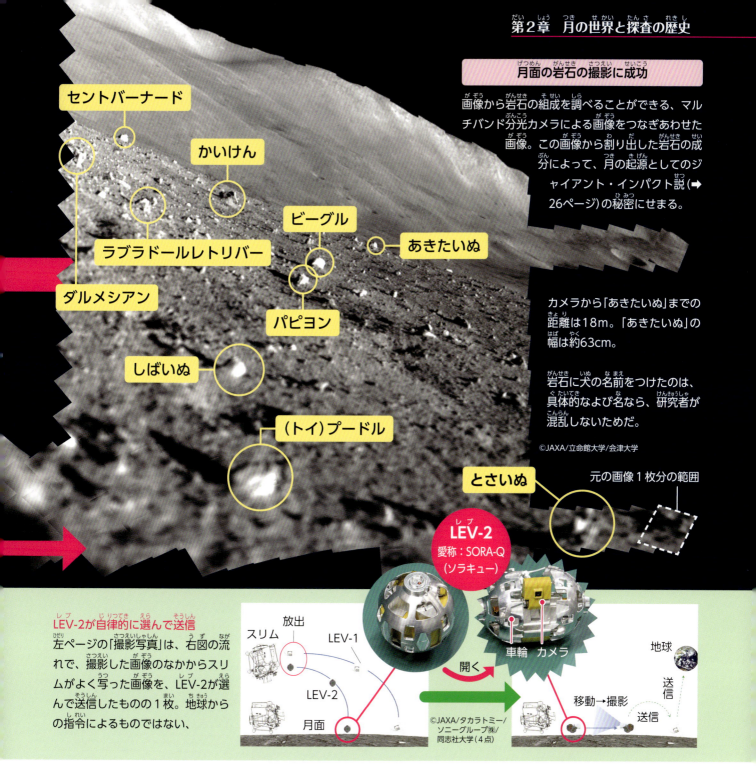

カメラから「あきたいぬ」までの距離は18m。「あきたいぬ」の幅は約63cm。

岩石に犬の名前をつけたのは、具体的なよび名なら、研究者が混乱しないためだ。

©JAXA/立命館大学/会津大学

### LEV-2が自律的に選んで送信

左ページの「撮影写真」は、右図の流れで、撮影した画像のなかからスリムがよく写った画像を、LEV-2が選んで送信したものの１枚。地球からの指令によるものではない。

©JAXA/タカラトミー/ソニーグループ㈱/同志社大学（4点）

## ピンポイント着陸は「満点」。月の起源にせまる岩石撮影にも成功

目標地点から55mの月面着陸を、JAXAは「満点」と評価しました。この着陸技術を用いれば、探査機は「降りたいところ」に降りることができるので、極域の水氷の確認など、今後の月探査や資源開発のスピードが加速します。

スリムは接地直前に、予定どおりLEV-1とLEV-2を月面に放出*。LEV-2が移動して撮影・選別したスリムの映像を、LEV-1を経由して見事、地球に送信しました。スリム本体に搭載した、マルチバンド分光カメラによる岩石の撮影にも成功（上の写真）。月の起源が解明される日は、近いかもしれません。

## 深ぼり3コラム
# 探査の必要性とやり方

### 望遠鏡観測とのちがい

天体を調べるために、なぜ探査機を打ち上げる必要があるのでしょうか。たとえば、すばる望遠鏡（国立天文台ハワイ観測所）のような最新望遠鏡なら、月面を細かく観測できます。しかし、望遠鏡は天体の裏側を観測したり、天体の岩石を回収したりすることはできません。望遠鏡では入手できないデータや試料は、探査機で入手する必要があるのです。

### 有人探査までのステップ
天体の探査は、次の段階をふんで進められる。❶～❹は無人の探査、❶・❷・❸は片道探査、❹・❺は往復探査である。

**❶フライバイ**
天体のそばをかすめて飛ぶ1回のタイミングで、地表を観測する探査。JAXAが計画中の深宇宙探査技術実証機（右）は、これにあたる。フライバイを利用した探査機の軌道変更をスイングバイ（右ページ）とよぶ。

**❷周回探査**
天体を回る軌道（周回軌道）を何回も飛行し、上空から地表を探査する。かぐや（➡30ページ）が該当する。

上空から月を探査するかぐやと2つの子衛星。

**❸着陸探査**
無人の着陸機を天体に軟着陸させ、観測データを地球に送信する探査。スリム（➡32ページ）が該当する。

スリムの観測・撮影イメージ（当初予定）。

**❹サンプルリターン**
目標の天体に（一時的に）接地し探査の試料（サンプル）になる岩や砂を持ち帰る。はやぶさ、はやぶさ2が該当する。

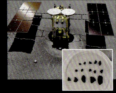
小惑星に接地するはやぶさ2。右下：地球に持ち帰った岩など。

**❺有人探査**
天体に人類が足を踏み入れ、試料（岩石など）やデータを地球に持ち帰る。大きな探査機と、莫大な費用が必要。

専門性を備えた宇宙飛行士は、探査を現地で効率よく進められる。

イオンエンジン
太陽電池パドル
©JAXA（写真6点）

# 第2章 月の世界と探査の歴史

## 10〜20年の時間をかけ、観測結果を公開する

　天体探査には、時間と費用がかかります。小惑星から岩石を持ち帰った小惑星探査機はやぶさは、プラン検討が1985年に始まり、打ち上げが2003年、地球に帰還したのは2010年でした。はやぶさにかかった費用は約210億円でした。

　スリム（→32ページ）は、2023年1月時点で149億円かかっています。

　探査機は会議→設計→装置の試作→実機に近いモデルの試作→実機の試作という各段階のテストを経て、ロケットに積みこまれます。

　役目を終えた探査機は破棄されますが、持ち帰った試料や観測データは地球で分析され、次の計画に向けて活用されるとともに、人類全体の知的財産になるよう世界に発表されます。

### 深宇宙探査技術実証機 DESTINY⁺

月のスイングバイで地球圏を脱出したあと、宇宙に存在する小さな粒子（星間ダスト）を分析しながら飛行し、秒速33kmでフェートン（下）をフライバイしながら表層観測をめざす。これが成功すると、地球から遠い宇宙（深宇宙）を、低予算で何回も探査できるようになる。太陽電池パドルを拡げた全長は約9.2m。

**推進力**

**方向転換**

**フェートン**
地球に接近する軌道をもつ小惑星。直径は約5.8km。毎年12月に見られるふたご座流星群を放出する天体。

### DESTINY⁺のしくみ

**電気によるイオンエンジンで進む**

打ち上げロケットから切りはなされた探査機は、機体に積んだ推進装置で速度や進行方向を決めながら、目的の天体をめざす。探査機の推進装置は電気推進と、燃料による化学推進に分けられるが、DESTINY⁺は、電気によるイオンエンジンでフェートンをめざす。

|  | 電気推進<br>（イオンエンジン） | 化学推進<br>（推進系スラスター） |
|---|---|---|
| 長所 | ・燃費がよい（エネルギー効率がよい）<br>・稼働時間が長い | ・進む力が強い<br>・急加速・急減速ができる |
| 短所 | ・進む力が弱い<br>・急加速・急減速ができない | ・燃費が悪い（エネルギー効率が悪い） |

**スイングバイで速度と進行方向を変える**

地球が月の引力を受ける（→16ページ）ように、探査機も近くの天体の引力を受ける。その引力を利用して、探査機の速度や進行方向を変える方法をスイングバイという。

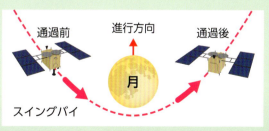

天体の後ろを回るスイングバイで、探査機は速度を上げながら進行方向を変えることができる。これは、推進エネルギーの節約に役立つ。

## 章末コラム ②
# 月の「なぞ」を解明するには

月は「なぞ」に満ちた天体です。なかでも次の3つは、世界の科学者が「答え」を求めつづける大きななぞです。

**なぞ①** 月と地球は、どんな関係か。
**なぞ②** 月はいかに分化（層状化）したか。
**なぞ③** 月に、水資源はあるか。

**なぞ①**の答えとしては、ジャイアント・インパクト説（→26ページ）が有力です。しかし、この仮説が正しいと確かめるには、月全体の化学組成をつきとめる必要があります。**なぞ②**は、月の原材料が球体にまとまったあと、どんなプロセスをへて核、マントル、地殻という層状の構造をなしたのか、というなぞです。月の表側と裏側が別世界のようにちがう理由も、いまだ明らかにされていません。**なぞ③**は、20世紀末以来、人類が、最も注目しているなぞです。

**なぞ①**、**なぞ②**の解明には、月の地殻、マントルをつくる岩石の成分と比率や、核のサイズの調査のほか、内部構造、表側と裏側の岩石の成分比較などが必須になります。**なぞ③**は、近い未来の月面探査で確かめられるかもしれません。そのためには、目的地点にピンポイントで着陸し、月面を移動してサンプルを採取し、サンプルを地球に持ち帰る技術が欠かせません。

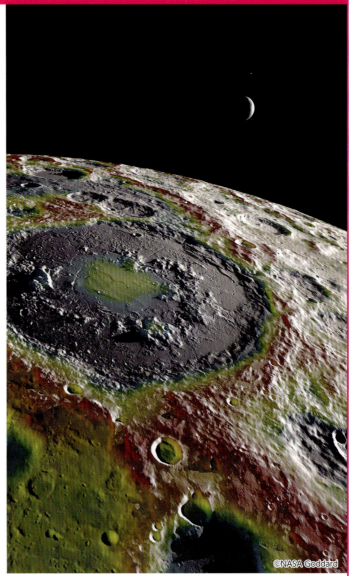
©NASA Goddard

上図では、赤は重力が大きい領域、青は重力が小さい領域を示す。月では、クレーター、谷、山といった地形の変化により、重力が大きく変動する。このような重力の変動理由は、月の内部構造を調べることで解明されると考えられている。奥の天体は、地球。

「水」が確認されると、その奪い合いが生じるおそれもあります。それをさけるために、月資源の取りあつかいルールを、今から決めておく必要もあります。

# 第3章 月資源の利用で宇宙へ

アルテミス計画(→52ページ)で使う有人の探査車(ローバー)のイメージ。左右の太陽光パネルで発電して走る。©トヨタ自動車

[下] JAXAが構想する100人規模の月面農場(→48ページ)のイメージ。©JAXA(「月面農場ワーキンググループ検討報告書」より)

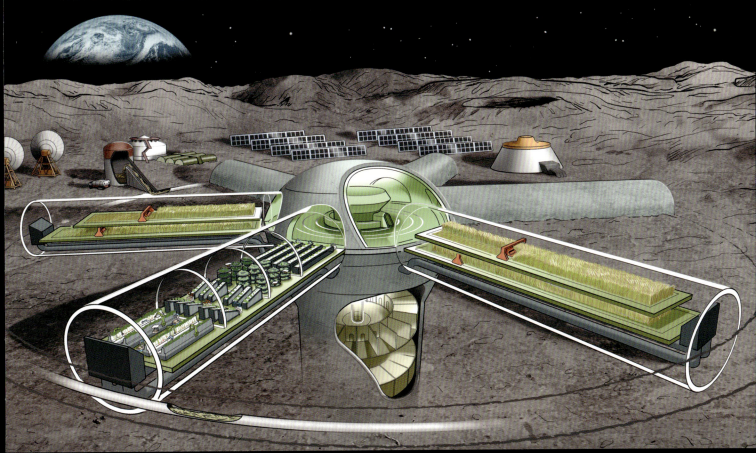

**開発の理由**

# なぜ、再び月をめざすのか

## 「水があるかも」で各国が注目

「月に水があるかも」という発表は大ニュースでした。飲用はもちろん、水は使い勝手のいい「資源」になるからです。たとえば、水を電気分解して液体化させた水素と酸素は、ロケットの燃料になります（➡47ページ）。酸素があれば、私たちは呼吸できますし、酸素は、月での農業（➡48ページ）にも役立てられます。月の「水」をうまく利用すれば、月面基地で人類が暮らしを続け、月をより遠い宇宙を探査する「港」にすることもできるのです（➡50ページ）。

## 1kg＝1億円。資源は地産地消で

月では、月の資源を月で使う「地産地消」が最良の方法です。なぜなら、地球からロケットで探査機などを打ち上げ、地球と月の間で物を運ぶと、1kgあたり1億円もの費用がかかるからです。1リットルの水を月に運ぶ費用は1億円で、1kgの月の石を地球に持ち帰る費用も1億円なのです。これでは、地球で高価な鉱物を月面で見つけても、ビジネスになりません。

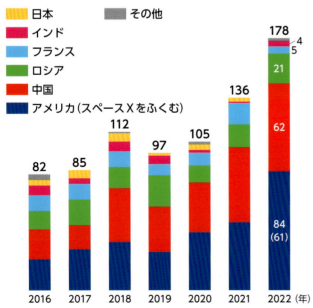

**ロケットの国別年間打ち上げ回数の推移**

凡例：日本／その他／インド／フランス／ロシア／中国／アメリカ（スペースXをふくむ）

打ち上げ回数は成功のみをカウント。アメリカではスペースXなど、民間会社の回数（かっこ内の数）が増えている。

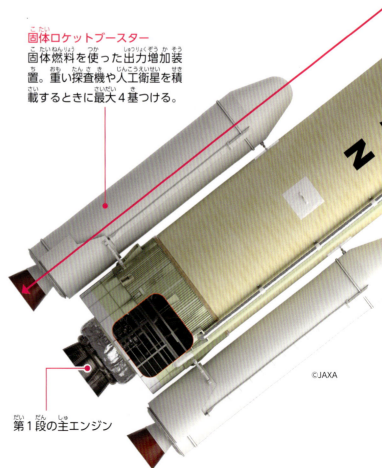

**固体ロケットブースター**
固体燃料を使った出力増加装置。重い探査機や人工衛星を積載するときに最大4基つける。

第1段の主エンジン

©JAXA

第3章　月資源の利用で宇宙へ

反対に、環境が地球と大きくことなる月では、ただの砂粒(レゴリス：➡23ページ)が有用な「資源」になる可能性があります。月では「地球の常識」が通用しないのです。

本章では、地球の常識を忘れ、「水・水氷」「場所」「岩石」「エネルギー」「食料」「立地」の視点から、月資源の可能性を調べます。

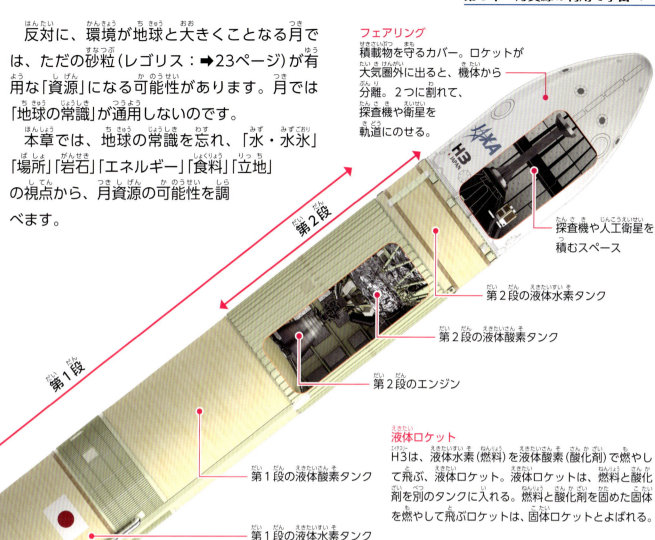

**フェアリング**
積載物を守るカバー。ロケットが大気圏外に出ると、機体から分離。2つに割れて、探査機や衛星を軌道にのせる。

探査機や人工衛星を積むスペース

第2段の液体水素タンク

第2段の液体酸素タンク

第2段のエンジン

**液体ロケット**
H3は、液体水素(燃料)を液体酸素(酸化剤)で燃やして飛ぶ、液体ロケット。液体ロケットは、燃料と酸化剤を別のタンクに入れる。燃料と酸化剤を固めた固体を燃やして飛ぶロケットは、固体ロケットとよばれる。

第1段の液体酸素タンク

第1段の液体水素タンク

第2段

第1段

**日本の次期主力ロケット「H3」**
全長57〜63m。重量575トン。これまで運用されてきたH2Aロケットの後継機。2024年2月に打ち上げ成功。H2Aの半分の費用(約50億円)で、H2Aの約1.3倍の打ち上げ能力がある。地球観測衛星の打ち上げのほか、アルテミス計画(➡52ページ)の補給機としても期待される。

## 時速4万km以上で、切りはなされる

探査機に任務を実行させるには、ロケットで探査機を目的のポイントに運び、決められた速度と方向で正確に切りはなす必要があります。

月探査機を月への軌道にのせるには、ロケットが探査機を、地球の重力をふりきる秒速約11.2km(時速約4万km)以上の速度で切りはなさなければなりません。これは、ピストルの銃弾*の30倍近いスピードです。

＊ピストルの銃弾の初速は秒速約0.4km(時速約1400km)。

**地球の自転の向きと速度**
ロケット発射場は、赤道に近いところ(北半球では南)が選ばれる。赤道に近いほど速い地球の自転速度を利用すれば、ロケットの加速に必要な燃料を節約できるためである。

遅い / 速い / 赤道

北半球では、ロケットを、自転と同じ東向きに打ち上げる。

**水・水氷**

# 南極の日かげに「水」はあるか

## 1996年 月の南極に、氷がある可能性が示された

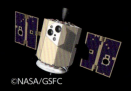

クレメンタイン ©NASA/GSFC

1994年に打ち上げられた、アメリカの月探査機クレメンタインの観測データの分析から、月の南極に氷がある可能性が示された。

### 「発見」が北極・南極に集中している理由

月の南極・北極には、これまで何億年も太陽光が当たっていない影の地域（永久影）がある。研究者は、永久影の温度はきわめて低いため、なんらかの水分が外から供給されたら、永久影にそのまま残っていても不思議ではない、と考えている。

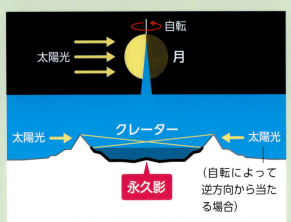

永久影の温度は、つねに−170℃前後と考えられている。

「水素があれば、水もある」とする考えに、納得しない科学者も多い。月に水素がある理由は、太陽からつねに放出される太陽風（水素をふくむ）の影響にすぎないかもしれないからである。

## 1998年 月の極地域で大量の水素を観測

ルナ・プロスペクター ©NASA/Ames

1988年に打ち上げられたNASA*の月探査機ルナ・プロスペクターが、月の極地域に大量の水素があることを観測。最大60億トンの水が存在し得ると発表された。

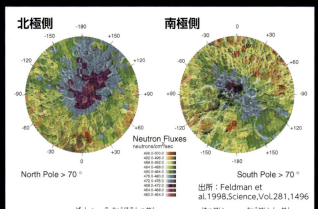

出所：Feldman et al.1998,Science,Vol.281,1496

むらさきの場所（宇宙放射線によって発生した中性子線が減速している場所）には、水素があると考えられている。

### 水や、そのもとになる水素は、どこから？

月にもともと水はなかった。このため、月面に水がある理由として、次の３つが考えられる。

①彗星や隕石から？　氷がまざる彗星や水分をふくむ隕石が月に衝突し、蒸発した水分の一部が永久影のレゴリスにふれて凍りついたか。

②マグマ内から？　地下からふき出たマグマ内の水分が、永久影のレゴリスにふれて凍りついたか。

③太陽風の水素が酸素と結合した？　水素は酸素と反応すると水になる。この水が残っているのか。

＊National Aeronautics and Space Administration（アメリカ航空宇宙局）の略称。アメリカの宇宙開発の中心になる機関。

# 第3章 月資源の利用で宇宙へ

## 地表ではなく、地表の下にある？

1998年、アメリカの探査機が月の南極・北極で、水素が豊富な場所を発見。「水素は酸素と反応して水になる。月には水があるのか？」と各国が注目しました。月の水は、氷のような状態（水氷）で存在すると考えられています。

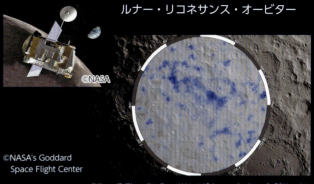

ルナー・リコネサンス・オービター

青い部分が水素の検出場所。地下に水氷が堆積している可能性を示している。

### 2007年 クレーターの地表では水氷を発見できず

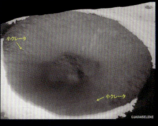

かぐやの地形カメラによる、シャックルトンクレーターの3次元立体視画像。クレーターの直径は約21km。

日本が打ち上げた探査機かぐや（写真：上右）は2007年、それまで「水氷があるかも」とされていた、月南極のシャックルトンクレーターの永久影の撮影に世界で初めて成功。しかし、永久影の地表部分に、水氷が存在する証拠は見つからなかった。

### 2018年 氷による光の吸収を直接検出

チャンドラヤーン1号

インドの月探査機チャンドラヤーン1号（2008〜2009年運用）に搭載された、NASAの観測機器のデータが解析された結果、南極と北極の永久影で、氷による光吸収が直接検出されたという発表があった。

### 2009年 クレーターの永久影から水素を検出

2009年にNASAが打ち上げた月探査機ルナー・リコネサンス・オービターは、月面から放出される中性子の観測（2009〜2012年）から、南極周辺のクレーターの永久影にある水素を検出し、その分布図（上）を作成した。クレーターの地下に大量の水氷が堆積している可能性がある。

この探査では、永久影のあるクレーターにロケットが打ちこまれ、噴出物の中から水を検出することにも成功している。

### 2019年 隕石衝突で水蒸気が放出

NASAの探査機ラディー。

隕石衝突で、水蒸気が月面からふき出るイメージ。

2013年に打ち上げられたNASAの月探査機ラディーのデータ分析から、微小な隕石が衝突する際の衝撃によって、月面から水蒸気が放出されていることがわかった。年間、最大で約220トンもの水が放出されているという。

# 場所

# 一等地は、日なたと地下の空洞

## 地球に面した「高日照率地域」が一等地

　かぐや（➡30ページ）の精密な探査によって、月面には年間日数で80％以上、太陽光が当たる日照率の高い地域（高日照率地域）があることがわかった。高日照率地域は、探査機が着陸し、基地を建造するのに適した場所である。だが、80％以上の高日照率地域は月全体で5か所しかなく、その中で地球とつねに通信できる場所は2か所しかない。また、それらはともに極域にあり、少しでもずれると、逆に日がほとんど当たらない。このため、高日照率地域には、高精度の着陸技術が求められる。

**年間日照率**
- 赤　80％以上
- 緑　70〜80％
- 水色　60〜70％
- 青　0％

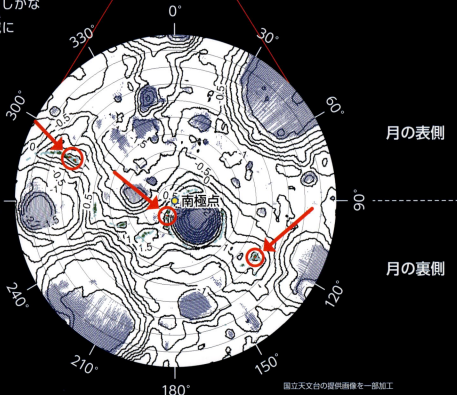

**月の南極の南緯88〜90度を真南から見た図**
高日照率地域（赤い矢印の先）は限られている。南極部の最大の日照率地域は86％（1年365日のうち約314日分に相当）。

国立天文台の提供画像を一部加工

第3章　月資源の利用で宇宙へ

## 寒暖差や放射線から身を守る「場所」が資源

　月面生活では、−170℃の夜が大きなハードルです。しかし、これは日なたをうまく利用すれば、対応できます。2週間の昼の間に日なたで太陽光発電をして、その電力の蓄えで、2週間の夜の寒さをしのぐのです。あるいは、地下に広がる空洞（溶岩チューブ）に基地をつくれば、寒暖差や放射線から身を守ることができます。月では、日なたや地下という「場所」が身を守る資源になります。

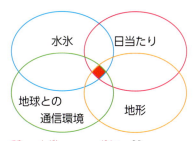

**月で「資源」となる場所**　上の4つを満たす場所がよい資源。地形の条件は、傾斜や障害物が少ないこと。

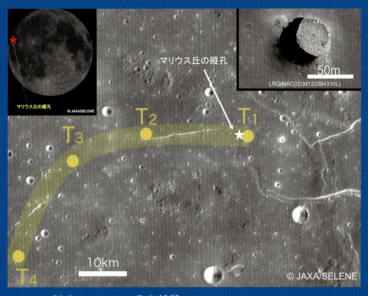

かぐやの探査によると、地下空洞があるかもしれない[T₁−T₂−T₃−T₄]の長さは約50km。空洞部は最深で約200mで、幅は最大150m規模という。このような地下空洞が本当にあれば、町のような基地をつくることができる。

## 地下空洞なら、安全に暮らせる

　月にはたてあながあり、そのいくつかの地下には横あな（空洞）が広がっているかもしれない（➡31ページ）。月探査を進める各国は、この地下空洞に関する発見や報告に注目している。
　その理由は、もし地下空洞があれば、次の3点から、コストをあまりかけずに、月に安全な基地をつくることができるからである。

①地下空洞の中は昼も夜も0℃前後で、寒暖差がない。
②厚い玄武岩層が、隕石から基地を守る屋根の役目を果たす。
③地下に降りて10mほど進めば、宇宙からの放射線量が、地球と同じくらいまで下がるという試算がある。

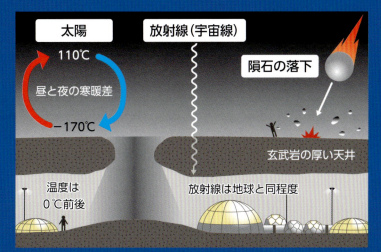

**地下空洞で暮らすイメージ**
地下空洞の壁や底はガラス質のため、空気がもれない。密閉するだけで、人の居住に適した空間になる可能性もある。

地下空洞は、放射線被害から宇宙飛行士を守る一時的な避難場所にもなる。JAXAは、地下空洞のさらなる探査計画を進めている。

43

# 岩石

# 月の砂でブロックや施設をつくる

## 厚さ数mの壁を低コストで建造できる

月面につくる基地は、厚さ数mの壁で囲む必要があります。基地と人を、宇宙放射線や隕石から守るためです。この壁は、月面に広がるレゴリス（➡23ページ）を焼結させたブロックでつくることができます。

これを実現するには、月までの重機の輸送方法、レゴリスの採掘方法、月面で動く重機の開発といった課題を解決する必要があります。

### レゴリスからブロックをつくる流れ

焼結…高熱により、粒状の固体物質がくっつく現象。

レゴリス（月面の砂）を密着させる。
高い温度で熱する。
水なしで、強度の高いブロックがつくれる。
月面で、レゴリスの焼結ブロックを建設資材として利用するイメージ。

## 金属は、岩石から酸素をはがしてつくる

月面基地をつくるには、月の岩石を、建築資材に加工する技術が求められる。月面の鉱物の中には、鉄、チタン、マグネシウム、アルミニウム、ケイ素などが豊富にふくまれている。これらは酸素と結びついているが、酸素をはがせば使いやすい金属になる。たとえば、月に多いチタン鉄鉱は、水素をまぜて高温にすると酸素がはがれ、鉄とチタンを取りだすことができる。

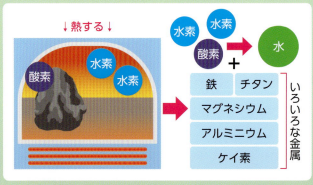

水素で酸素をはがすには、新しい技術が求められる。

第3章　月資源の利用で宇宙へ

## レゴリスを集め、3Dプリンティング技術で施設をつくるプラン

　レゴリスを集め、3Dプリンティング技術で月面に居住棟をつくるプラン（下図）もあります。欧州宇宙機関（ESA）が発表したもので、ローバーで集めたレゴリスをローバー搭載の3Dプリンターで圧着し、居住棟をつくる計画です。月面の居住地開発を進め、月を深宇宙探査の拠点にするムーンビレッジ構想の一環です。アメリカのNASAにも、同様の計画があります。

**ムーンビレッジ構想で月に居住棟をつくる手順**

①ロケットで設備を運ぶ
目的地点に、正確に着陸する技術が求められる。

②モジュールを月面に置く
テントをふくらます。③のローバーが月面に移動。

③ローバーが作業を始める
月面のレゴリスを、車体前のスコップに集める。

④レゴリスを運ぶ
集めたレゴリスをテントドームの壁まで運ぶ。

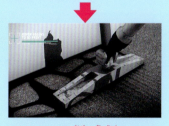

⑤レゴリスを壁に圧着させる
酸化マグネシウムとまぜて3Dプリンターで圧着。写真は地球での実験のよう。

⑥壁面をレゴリスの壁でおおう
外側を下から上に、レゴリスの壁で固めていく。

ESAのムーンビレッジのイメージ
地球／建設中の居住棟／ローバー／居住棟／野菜や植物を育てる施設／月面作業車／発電用の太陽光パネル
©ESA/Foster+Partners（写真9点）

⑦完成（1週間後）
上の突起部は、外を観察する天窓の役目を果たす。

内部のようす（イメージ）
Solar Radiation Protection／太陽放射線の防護壁
青い部分がレゴリスを材料にした壁。この地下で野菜を育てるプランも検討されている。

# 太陽エネルギーが基地や車の電源

**発電**

## 太陽光で発電し、送電する

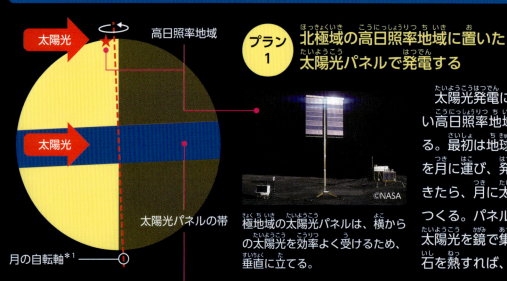

**プラン1** 北極域の高日照率地域に置いた太陽光パネルで発電する

極地域の太陽光パネルは、横からの太陽光を効率よく受けるため、垂直に立てる。

太陽光発電には、月の北極や南極に多い高日照率地域（➡42ページ）を利用する。最初は地球でつくった太陽光パネルを月に運び、発電量があるていど確保できたら、月に太陽光パネルの製造工場をつくる。パネルの材料になるケイ素は、太陽光を鏡で集めた熱エネルギーで月の石を熱すれば、取りだすことができる。

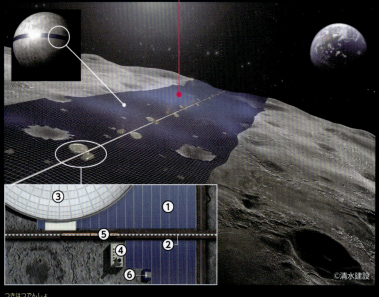

月発電所のイメージ
①月太陽光パネル ②送電ケーブル ③マイクロ波送電アンテナ ④レーザー光送光施設 ⑤物資を運ぶルート ⑥自走しながら太陽電池を生産・設置する工場

**プラン2** 月面を一周する太陽光パネルで発電。地球に電力を送る

月で発電した電力を地球に送るプロジェクトも計画されている。まず、月の赤道上に太陽光パネルをしきつめる。次に、そこで発電した電力を、地球に向く側（月の表側）から、直進性と強度が高いマイクロ波やレーザーという電磁波*2で地球に送る。その電磁波を地球で、電力に変換するという計画である。

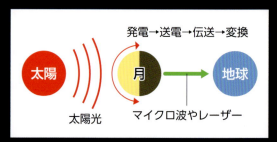

発電→送電→伝送→変換

*1 月の自転軸は、公転軌道面（白道面）に垂直な軸から約6.7度かたむいているが、白道面は黄道面に対し、反対側に約5.2度かたむいている。そのため、月の自転軸は太陽光に垂直な軸から約1.5度だけかたむいている。 *2 マイクロ波…波長が1〜10cmの電磁波。

第3章 月資源の利用で宇宙へ

## エネルギーは長期間滞在と、探査用車両に欠かせない

　月探査を進めるには、人類が滞在する施設で使うエネルギーと、探査用の車を走らせるエネルギーが必要になります。これらは、太陽光による発電で調達します。

　月面の水と太陽エネルギーを使って、月面だけでエネルギーをうまく循環させるシステムの研究も進んでいます。

　熱がほしいときには、太陽光を鏡で集めて熱エネルギーをつくります。これは、レゴリスの焼結（➡44ページ）などにも役立ちます。

### 太陽光と水で電力、水素、酸素をつくり、エネルギーを循環・再生させる

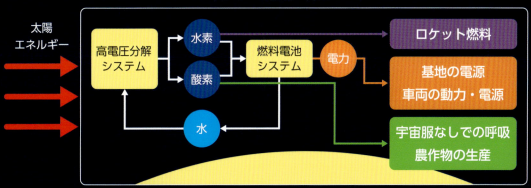

エネルギーを循環・再生させるシステム

月面で水が入手できれば、水を水素と酸素に分解して電力をつくりながら、水素からロケット燃料をつくり、酸素を農作物生産に役立てることもできる。

将来の月面基地のイメージ。©JAXA

有人の探査車のイメージ。日本の自動車会社とJAXAが開発中。©トヨタ自動車

### 燃料電池の電力で、重機やロボットを動かす

　月面ではまず、「ふくらませるだけ」「置いてうめるだけ」といった構造物を地球から運び、最低限の居住環境をつくる。新しい構造物は、月の資源を使い、無人で動くブルドーザーやリモートで操作できるロボットでつくる。太陽エネルギーは、この電源調達にも役立てられるだろう。

### −170℃の夜をしのぐ、燃料電池システムが必要

　有人の探査車（ローバー）には、月の昼（14日間）の間、太陽光で発電しながら探査を続け、太陽光の届かない−170℃の月の夜（14日間）を無事にすごす蓄電・越夜の性能が求められる。さらに、宇宙飛行士が約1か月快適に生活できる居住性、クレーターを登り降りできる高度な走行性能も求められる。

47

# 食料 地下で栽培し、生ごみも再利用

## 寒暖差と危険をさけて、食料を生産する

月でははじめ、地球から持ちこんだ食料で生活します。しかし、探査を続けるには、持続的な食料生産のしくみが欠かせません。それにはまず、「最大280℃の昼夜の寒暖差と、強い宇宙放射線から農作物を守る」「農作物に毎日、光を当てる」という環境をつくる必要があります。これは、寒暖差がなく宇宙放射線も届かない地下空洞（➡43ページ）か、月のレゴリスを焼結させた厚さ数mの壁（➡44ページ）で囲んだ月面に人工照明を利用した植物工場をつくることで、解決できます。

月での農作物生産は、①どんな食料を、②どんな方法で、③いかに廃棄物を出さずに生産するか、という観点から研究が進められています。

**国際宇宙ステーション内で栽培された二十日大根と宇宙飛行士の野口聡一さん**

野菜を宇宙船の中で育て、栄養や味などから生育状況を評価する実験は始まっている。

## JAXAが構想する6人規模の月面農場

### ●6人から
人類が月に滞在する場合、JAXAは、まず、右のような施設に宇宙飛行士など6人が滞在し、自給自足に近い生活を始めることを想定している。

### ●施設
3層になっている。地下に植物工場をつくり、月面には、発電用の太陽光パネルを並べる。

### ●作物種
イネ、ジャガイモ、サツマイモ、ダイズ、トマト、キュウリ、レタス、イチゴをむだが出ないよう計画的に栽培する。

### ●栽培環境
水分、養分、光量などを遠隔コントロールする植物工場を想定。種まき、収穫などは無人ロボットが行う。

### ①どんな食料を
→低圧・低重力で野菜や穀物を育てる

農作物の生育には気圧や重力も大きく関係するため、低圧・低重力の月面で栽培できる野菜や穀物の品種開発が進められている。

人間には、タンパク質も必要である。今後は、月面で継続的にタンパク質を摂取できるよう、タンパク質が豊富な昆虫の食用利用や、動物の細胞を培養してつくる培養肉の研究が進むかもしれない。

第3章　月資源の利用で宇宙へ

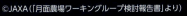
©JAXA(「月面農場ワーキンググループ検討報告書」より)

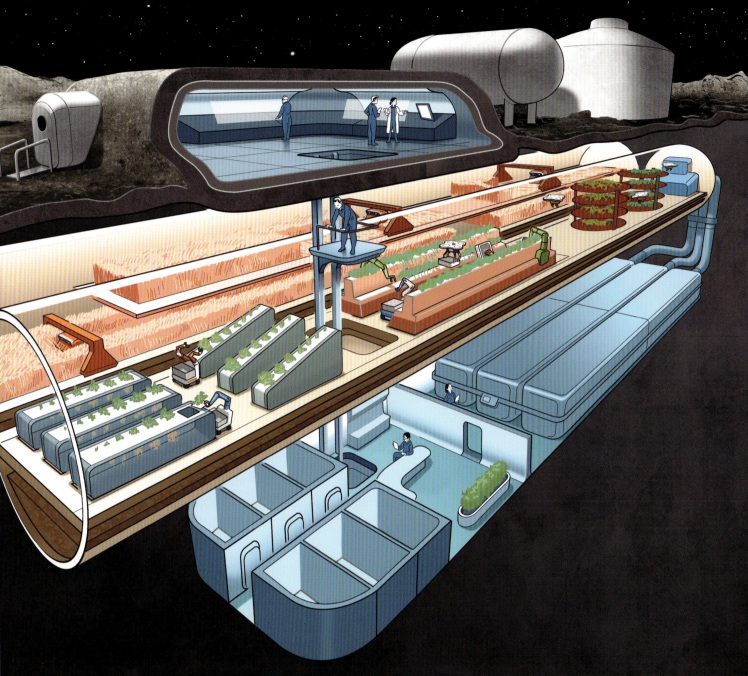

## ②どんな方法で
### →リモートで管理。作業はロボットが行う

農場の光や温度、水分などの環境はすべて遠隔で操作され、農作業は自律的に働くロボットに担当させる。養液による栽培(水耕栽培)ではなく、月の砂レゴリスを土壌代わりに植物を育てる研究も進んでいる。2022年には、アメリカの研究者がアポロ計画(→28ページ)で持ち帰った月面のレゴリスに水と栄養素をくわえて、植物を育てることに成功した。

## ③いかに廃棄物を出さずに
### →生ごみ、ふん尿も再利用する

調理をすると、生ごみが出る。人間は、ふんや尿を排出する。これらもリサイクルする必要がある(国際宇宙ステーションでは、尿を飲み水に変える技術が実用化されている)。月での生活は、生ごみやふん尿を肥料にして農作物を育て、その農作物から食用の動物を育てることで、廃棄物をゼロにすることが目標とされている。

49

# 地球観測と宇宙探査の足場をつくる

**立地**

## 表側は地球観測、裏側は宇宙観測の絶好のポイント

地球や宇宙の観測に適した立地。これも、月の「資源」です。月はつねに同じ面を地球に向けているので、表側に望遠鏡を設置すれば、月に向き合う地球の半分をつねに観測できます。

また、月には、天体観測のさまたげになる大気がなく、地球と反対側の裏側では地球の人工的な電波が届かないので、低周波の電波を発する初期宇宙の天体の観測に適しているのです。

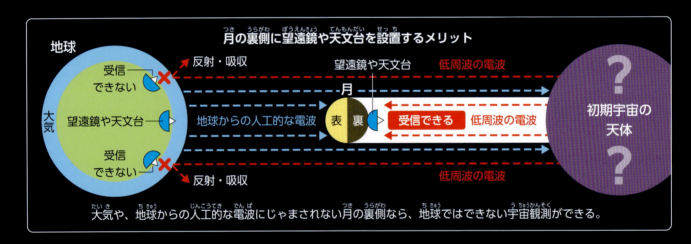

月の裏側に望遠鏡や天文台を設置するメリット

大気や、地球からの人工的な電波にじゃまされない月の裏側なら、地球ではできない宇宙観測ができる。

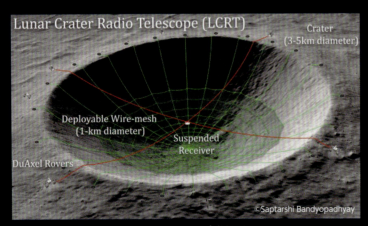

**アメリカが計画する「月面クレーター電波望遠鏡」**
2020年、NASAは、月面の裏側のクレーターをパラボラアンテナの土台にした電波望遠鏡をつくると発表。地球からは観測できなかった初期宇宙の解明をめざす。

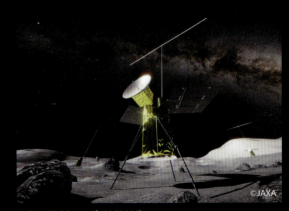

**日本が計画する月面天文台「TSUKUYOMI」（ツクヨミ）**
月の裏側に観測装置（上）を100基ほど設置し、地球では探知できない宇宙誕生初期のガスの電波をとらえる計画。長い棒（5m）がアンテナ部。

## 第3章　月資源の利用で宇宙へ

## さらなる宇宙観測・探査の足場

　地球と月の間には、天体や人工物が安定してとどまることのできるラグランジュ点（下記）が5つあります。これは、宇宙観測・探査に便利な「資源」です。たとえば、月の裏側にあるL₂点に宇宙ステーションを設置すれば、地球から月の裏側への通信がスムーズになります。ロケット工場をL₂点に置き、そこでロケットをつくれば、燃料をあまり使わずに火星や木星に向けたロケットを打ち上げられます。L₂点は高感度望遠鏡の設置にも適しています。さえぎるものなく深宇宙を観測できるからです。

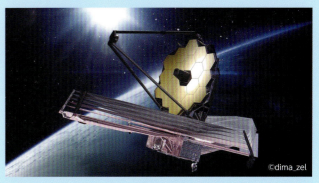

太陽と地球のラグランジュ点（L₂）で宇宙観測を始めた、NASAのジェイムズ・ウェッブ宇宙望遠鏡（JWST）。人類が初めて見る深宇宙の画像を、次々と地球に送信している。

### L₂点を利用した望遠鏡と、その成果

JWSTが2022年に撮影した銀河団（銀河の集まり）。130億年以上前の天体が写っているという。

### 5つのラグランジュ点

下のL₁、L₂、L₃、L₄、L₅がラグランジュ点。日本では、探査機エクレウス（下イラスト）がL₂探査に向かったが、2023年5月、L₂到達前に通信がとだえてしまった。

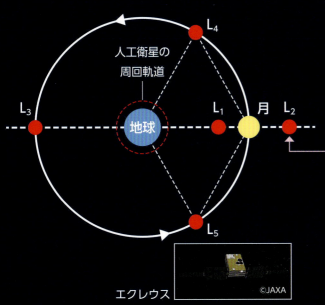

エクレウス　©JAXA

### ラグランジュ点

地球と月、太陽と地球など、2つの天体の重力と遠心力がつりあい、第3の天体が安定してとどまることができる宇宙空間。2019年、中国は、月の裏側に着陸した無人探査機がとった写真を、地球と月のL₂点にとどまる衛星経由で地球に送信した。

### 地球と月のラグランジュ点でできること

①宇宙ステーションが、月との往来を中継する。
②ロケット工場を置き、ロケットを打ち上げる。
③小惑星を運んできて、資源を掘りだす。
④電波望遠鏡を設置して、宇宙探査を進める。

51

## 深ぼりコラム 4
# 各国が計画している月探査

### 目的は資源開発や経済活動、さらなる宇宙探査

人類は再び、月面に立とうとしています。目的は資源開発や経済活動の推進、さらなる宇宙探査です。アメリカはアルテミス計画で、2026年以降の有人探査から月面基地建設をめざしています。日本はこれに参加しつつ、独自の探査を計画しています。月の裏側からのサンプル回収に世界で初めて成功した中国は、2030年までの有人月面着陸をめざしています。

…… | 2026 | …… | 2030 | …… | 2040 | …

**アルテミス計画**＝再度の有人月面着陸と、月面基地建設をめざすアメリカ主導の計画
**ゲートウェイ**＝地球と月を中継する月周回有人拠点。4人が年間で最大30日滞在する

©NASA

### アメリカは月面基地建設をめざすアルテミス計画を進めている

アメリカが主導する「アルテミス計画」は、アポロ計画以来となる有人月面着陸を成功させたあと、資源開発のための有人月面探査、月での持続的な活動や将来の火星探査の足がかりとなる月面基地建設をめざす計画である。計画では、地球と往来する宇宙船と月着陸船の中継基地となるゲートウェイ（月周回有人拠点）を月周回軌道上に建設し、これを拠点に、有人月面探査以降のミッションを行う予定である。

この計画にはアメリカのほか、40以上の国が参加している。日本はゲートウェイ居住棟の一部建造や、有人の探査車（酸素マスクなしで運転し、極寒の夜でも生活できる）を提供する。月面を探査する、2名の日本人宇宙飛行士の派遣も決まっている。

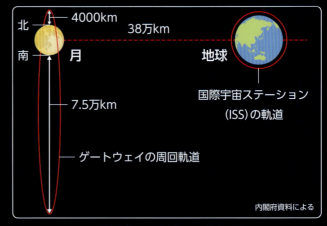

内閣府資料による

ゲートウェイの周回軌道は、地球との通信、月へのアクセス、南極域の観測などに都合がよい。

©NASA
ゲートウェイの完成イメージ。日本は、ゲートウェイへの物資輸送に向けた研究・開発も進めている。

©トヨタ自動車
有人の探査車（ローバー）は現在、日本の自動車会社とJAXAが開発中である。

第3章　月資源の利用で宇宙へ

## 月の資源や土地は、だれのものか

　水の量と質を確かめたら、人類は月面基地に定住して探査をさらに進めるでしょう。すると、月でビジネスを始める会社が現れます。観光客も増え、月面ホテルが建ちます。こうなると、「月の資源や土地はだれのものか」という問題が生じます。この問題解決には、地球の南極が参考になります。南極はかつて、あまりの寒さに人類がふみこめない大陸でした。しかし、その後、関係国がルールをつくり、今は、どこの国にも属さない大陸として利用されています。

＝アルテミス計画における宇宙船の着陸候補地（13か所）

月の南極点

©NASA

先に着陸した宇宙船の近くに、ほかの宇宙船は着陸しづらい。衝突のおそれがあるためである。月の平和利用には、この「先に着陸した者勝ち」とはことなるルールをつくる必要がある。

©NASA/JPL/USGS

## 中国はロシアなどと、2035年までに月の南極に有人基地を建設すると発表

　今、月探査で世界をリードしているのは中国である。「嫦娥*計画」で月探査を始めた中国は、2013年に世界3番目の月面着陸に成功。2024年6月には人類史上初となる、月の裏側からのサンプルリターンにも成功し、世界が注目した。今後は、アメリカ主導のアルテミス計画と同じように、協定を結んだロシアやパキスタンなどの国々と2035年までに月面有人基地を建設し、さらなる月探査、科学観測などを進めると発表している。

中国は2026年前後に打ち上げる嫦娥7号で、月南極への着陸と科学調査を計画している。写真＝南極付近のシャックルトンクレーター。

©NASA/KARI/ASU

## 日本はインドと協力して、水の調査と月面活動技術の獲得をめざす

　日本（JAXA）はインド宇宙研究機関（ISRO）などと組んで、月極域探査機（ルペックス）を進めている。目的は月の水資源探査と、「移動」「越夜」などの月面活動技術の獲得である。月面に世界で4番目に着陸したISROが着陸機を、JAXAがロケットとローバー（探査車）を開発する。

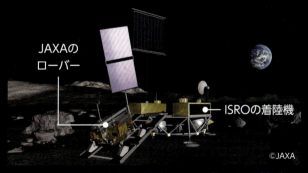

JAXAのローバー

ISROの着陸機

©JAXA

ローバーは月の南極域を太陽光発電で移動して、水分布を調査する。月面で採取したレゴリスを分析し、ふくまれている水の「資源としての利用可能性」を明らかにする。

*中国語で「月」の別名。中国の伝説で、月にすむ仙女の名前から。

## 章末コラム ③
# 宇宙とつながる地球の仕事

**変形型月面ロボット「SORA-Q(ソラキュー)」**

スリムから放出され、月面に着地したソラキューのイメージ。直径は約8cm、質量は約250g。

着地後に、左右の車輪が開き、カメラを上に出した状態で、レゴリスにおおわれた月面を移動するイメージ。実機は月面のようすを撮影し、無線で適切な画像データを送信した（➡33ページ）。

放出 → 着地 → 変形 → 移動 → 撮影 → 送信

©JAXA/タカラトミー/ソニーグループ(株)/同志社大学（2点とも）

　「月探査や宇宙開発にかかわるには、どんな仕事に就けばよいか？」。こう聞かれたら、多くの人は「JAXAに入って宇宙飛行士になる」「ロケットを開発する」「天文学者になって宇宙の研究をする」などと答えるでしょう。

　これらはどれも、正しいといえます。しかし、正解はほかにもあります。たとえば、2024年現在、15の国で運用されている国際宇宙ステーション（ISS）には、600以上の民間会社がかかわっています。これは、その会社で働けば、宇宙開発にかかわれるかもしれないということです。

　日本では、スリム（➡32ページ）の撮影に成功したソラキュー（上）を、JAXAと日本のおもちゃメーカーなどが協力して完成させました。おもちゃとソラキューの設計に、共通点があったのです。

　子どものおもちゃには、「安全」と「こわれにくさ」が求められます。子どもはおもちゃをぶつけたり分解したりと、大人が想定しない使い方をするからです。これは、科学者や技術者が「宇宙ではなにが起こるかわからない」という前提で、探査機や観測機器を設計・製造するのと同じ心がまえです。おもちゃも観測機器も、小さく、軽く、低電力で長く動くほど、よいものと判断されることも、共通しています。

　宇宙の研究者は、天文学者だけではありません。たとえば、月や火星などの岩石は、地球の地質の研究者（地質学者）が研究しています。天体の大気は地球の気象学者が、天体の地下構造は地球の地震学者が、それぞれ研究しています。宇宙は、多くの学者・研究者の研究対象なのです。

　近い将来、人類が月に定住すれば、多くの人が月で暮らすようになります。すると、月でのケガや宇宙病を治療するニーズが生まれ、宇宙医師や宇宙看護師が欠かせない職業になります。基地建造を制御する宇宙建築のプロ、おいしい宇宙食をつくる宇宙調理師、基地でのリサイクルを進める技術者も必要でしょう。このように考えると、これからは「みなさんが就いた職業が宇宙とつながる」ことが、当たり前になるかもしれません。

# さくいん

見開きの左右両ページに出てくる言葉は、左のページ番号をのせています。


## あ

アームストロング …… 28
アポロ(計画) …… 20,23,28,30,49,52
アルテミス計画 …… 37,39,52
隕石 …… 19,20,22,24,40,43,44
宇宙観測 …… 50
海 …… 18,22,24,31
裏側[月の] …… 7,9,18,23,28,31,34,36,50,52
永久影 …… 40
エネルギー …… 21,35,39,44,46
大潮 …… 16
表側[月の] …… 9,18,22,24,31,36,42,46,50

## か

ガガーリン …… 28
かぐや …… 22,29,30,34,41,42
下弦(の月) …… 10,16
火山地形 …… 23
岩石 …… 19,22,25,26,29,31,33,34,36,39,44,54
寒暖差 …… 20,43,48
北半球 …… 11,13,39
起潮力 …… 9,16
巨大盆地 …… 30
(地下)空洞 …… 30,43,48
グラーベン …… 22
クレーター …… 18,22,24,29,32,36,40,47,50
ゲートウェイ …… 52
夏至 …… 12
月食 …… 12,14
月面基地 …… 44,47,52
月面天文台 …… 50
月面農場 …… 37,48
玄武岩 …… 24,43
恒星月 …… 10
高地 …… 19,22,24,31
公転 …… 8,10,12,16
高日照率地域 …… 42,46
小潮 …… 16

## さ

朔望月 …… 10
酸素 …… 20,25,38,40,44,47,52
サンプルリターン …… 34,53
潮の満ち引き …… 9,16
自転 …… 8,10,16,39,40
自転軸 …… 12,46
ジャイアント・インパクト説 …… 26,33,36
斜長岩 …… 24,31
周回探査 …… 34
重力 …… 9,20,36,39,48,51
嫦娥(計画) …… 29,53
焼結 …… 44,47,48
上弦(の月) …… 10,16
食料 …… 39,48
新月 …… 10,12,16
人工衛星 …… 28,38,51
水蒸気 …… 41
水素 …… 29,38,40,44,47
スイングバイ …… 34
スリム …… 17,29,32,34,54
ソラキュー …… 32,54

## た

太陽風 …… 40
蛇行谷 …… 23
たてあな …… 30,43
地殻 …… 18,25,31,36
着陸探査 …… 34
中央丘 …… 22,30
DESTINY$^{+}$ …… 35
電源 …… 46
電波望遠鏡 …… 50
冬至 …… 13

## な・は

日食 …… 12,14
燃料 …… 35,38,47,51
燃料電池 …… 47
農作物 …… 47,48
廃棄物 …… 48
発電 …… 37,43,45,46,48,53
はやぶさ …… 34
日なた …… 21,42
ピンポイント着陸 …… 17,29,32
フライバイ …… 34
ブロック …… 44
放射線 …… 20,43,44,48

## ま・や・ら

マグマ …… 23,25,40
満月 …… 9,10,12,14,16
三日月 …… 10
水 …… 19,22,28,36,38,40,44,47,49,53
水氷 …… 33,39,40,43
南半球 …… 11
有人月面着陸 …… 52
有人探査 …… 34,52
溶岩チューブ …… 31,43
ラグランジュ点 …… 7,51
ラディー …… 41
リンクルリッジ …… 22
ルナー・リコネサンス・オービター …… 41
ルナ・プロスペクター …… 29,40
ルペックス …… 53
レゴリス …… 23,39,40,44,47,48,54
ロケット …… 28,30,35,38,41,45,47,51,53,54
ロボット …… 32,47,48,54
ローバー …… 29,37,45,47,52

**監修** **佐伯和人**（さいき　かずと）

立命館大学総合科学技術研究機構・教授。立命館大学宇宙地球探査研究センター・センター長。1995年、東京大学大学院理学系研究科鉱物学教室で博士（理学）取得。ブレーズパスカル大学（フランス）研究員、秋田大学 助手・講師、大阪大学准教授を経て現職。

● **実績**　JAXAの月探査「かぐや」プロジェクトの地形地質カメラグループで共同研究員を務めたあと、小型月着陸実証機スリムに搭載されたマルチバンドカメラの開発リーダーを務めた。2025年度以降に予定される月極域探査機（LUPEX）計画では、氷資源探査車に搭載する近赤外画像分光カメラの開発リーダーを務める。

● **著書**　『世界はなぜ月をめざすのか　月面に立つための知識と戦略』（講談社ブルーバックス）、『月はぼくらの宇宙港』（新日本出版社）［2017年度の青少年読書感想文全国コンクールの中学校の部・課題図書］、『月はすごい　資源・開発・移住』（中公新書）など。

**企画・執筆・編集** **りんりん舎**（中村茂雄）

イラスト：成瀬敦視（山屋）　図版制作・組版：DEVIL CHOP
カバー・本文デザイン：山中章寛

**参考資料**
● **書籍**　『世界はなぜ月をめざすのか　月面に立つための知識と戦略』（講談社ブルーバックス）、『月はぼくらの宇宙港』（新日本出版社）、『月はすごい　資源・開発・移住』（中公新書）、『宇宙探査ってどこまで進んでいる？　新型ロケット、月面基地建設、火星移住計画まで』（誠文堂新光社）、『月を知る！』（岩崎書店）など。
● **ウェブサイト**　JAXA、NASA、ESA、国立天文台、国土地理院、県立ぐんま天文台、国立極地研究所、東急建設、清水建設、トヨタ自動車、政府や国内・国外の研究機関・報道機関など。

# 月探査の大研究
## 月の基礎知識から資源開発まで

**2024年11月15日　第1版第1刷発行**

監修者　佐伯和人
発行者　永田貴之
発行所　株式会社ＰＨＰ研究所
　　　　東京本部　〒135-8137　江東区豊洲5-6-52
　　　　　　児童書出版部　☎03-3520-9635（編集）
　　　　　　　　　普及部　☎03-3520-9630（販売）
　　　　京都本部　〒601-8411　京都市南区西九条北ノ内町11
　　　　PHP INTERFACE　https://www.php.co.jp/
印刷所
製本所　TOPPANクロレ株式会社

©PHP Institute,Inc.2024 Printed in Japan　　　　　　　ISBN978-4-569-88194-2
※本書の無断複製（コピー・スキャン・デジタル化等）は著作権法で認められた場合を除き、禁じられています。また、本書を代行業者等に依頼してスキャンやデジタル化することは、いかなる場合でも認められておりません。
※落丁・乱丁本の場合は弊社制作管理部（☎03-3520-9626）へご連絡下さい。送料弊社負担にてお取り替えいたします。
NDC446　55P　29cm